Ralf Stremmel

Industrie und Fotografie

Der „Bochumer Verein für Bergbau
und Gussstahlfabrikation", 1854–1926

1731

Ralf Stremmel

Industrie und Fotografie

Der „Bochumer Verein für Bergbau und Gussstahlfabrikation“, 1854–1926

Aschendorff Verlag

www.aschendorff-buchverlag.de

Layout: Aschendorff Verlag, dfp
Printed in Germany
ISBN 978-3-402-13213-5

INHALT

EINFÜHRUNG

Einst war der Bochumer Verein für Bergbau und Gussstahlfabrikation eines der größten Unternehmen in Deutschland – und zugleich blickte er auf eine lange Tradition zurück. Seine Geschichte begann bereits im Jahr 1844. Im Laufe seiner Entwicklung produzierte er Stahl und förderte Kohle, stellte Radsätze und Schienen her, Maschinenteile und Waggons, Glocken und Kanonen. Ende der 1950er-Jahre erwarb der Krupp-Konzern die Aktienmehrheit, und 1965 ging der Bochumer Verein in der Fried. Krupp Hüttenwerke AG auf.

Noch heute wird an einigen der ursprünglichen Standorte in Bochum produziert. Aus anderen Flächen wurden Parks bzw. Naherholungsgebiete. Die ehemalige Gaskraftzentrale gehört mittlerweile als „Jahrhunderthalle" zu den eindrucksvollsten Schauplätzen für Kulturveranstaltungen im Ruhrgebiet. Neben solch spektakulären Erinnerungsorten gibt es noch etliche andere Überbleibsel des Bochumer Vereins, zwar unscheinbarer, aber höchst aussagekräftig. Umfangreiche schriftliche Unterlagen haben sich erhalten, und insbesondere ist auch ein reicher fotografischer Fundus überliefert. Akten, Geschäftsbücher, Filme und Fotografien befinden sich heute in Essen im Historischen Archiv Krupp der Alfried Krupp von Bohlen und Halbach-Stiftung.

Mit insgesamt ca. 125.000 Aufnahmen, zurückgehend bis in die 1860er-Jahre, stellt die Bildüberlieferung des Bochumer Vereins wohl eine der quantitativ und qualitativ bedeutendsten Sammlungen von Industriefotografien in Deutschland dar. Sie enthält unter anderem die ältesten öffentlich bekannten Fotografien, die aus Bochum kommen. Mehrfach ist in den letzten zwanzig Jahren auf die Fotografien des Bochumer Vereins zurückgegriffen worden, lokal und überregional, für Zwecke der Forschung und der Geschichtsvermittlung. Aber stets handelte es sich um eine punktuelle Nutzung.

Für dieses Buch werden die Bildquellen nun erstmals systematisch ausgewertet und in einem möglichst repräsentativen Querschnitt vorgestellt. Angesichts der Fülle des Materials beschränkt sich das Vorhaben allerdings auf die Zeit bis 1926, als der Bochumer Verein zum ersten Mal seine Selbstständigkeit verlor und in die Vereinigten Stahlwerke integriert wurde. Aus rund 2.500 Aufnahmen, die vor 1927 entstanden und heute noch existieren, wählt der vorliegende Band 263 Motive aus. Verzichtet wurde weitgehend auf handwerklich missratene Aufnahmen. Bezogen auf die technische Qualität ist die Auswahl also nur mit Vorbehalten typisch. Ohnehin ist ja schon die Grundgesamtheit der 2.500 Fotografien teilweise dem Zufall geschuldet. Mit anderen Worten: Es gibt Überlieferungslücken. Was einmal vorhanden war, lässt sich nicht mehr exakt rekonstruieren. Noch dazu war der Blick des Werksfotografen meist eng fokussiert, denn er hatte „seinen Job zu machen". Deshalb feiern viele seiner Aufnahmen die Schwerindustrie mit großem Pathos; in ihnen schlägt sich eine unbekümmerte Bewunderung für riesige Maschinen, funkensprühende Konverter, gigantische Hallen und harte Arbeit nieder.

Mit solchen Bildern dokumentierte und kommunizierte das Unternehmen, wobei Fotografien oftmals Identität und Zusammenhalt stiften sollten. Wenn ein Lichtbild jene Männer zeigte, die unter dem schweren Dampfhammer eine Kurbelwelle schmiedeten, dann sollten und konnten sich damit fast alle identifizieren: die Arbeiter und Angestellten, die sich in den abgelichteten Kollegen wiedererkannten, die Ingenieure, die den Hammer konstruiert hatten, die Verkäufer, die das Produkt vertrieben, die Vorstände und Aufsichtsräte, die all das geplant oder bewilligt hatten, und die Aktionäre, die es finanziert hatten. Sie alle sollten sich als Teil einer großen gemeinsamen Erzählung verstehen.

Einerseits erzählen die im Folgenden abgedruckten Fotografien vom Werdegang und von den Strukturen des Bochumer Vereins, von seinen Standorten im In- und Ausland und nicht zuletzt von den Menschen, die für die Firma arbeiteten – kurz, von einer schwerindustriellen Vergangenheit, die das Ruhrgebiet und eine Stadt wie Bochum über einen langen Zeitraum hinweg prägte und tiefe Spuren hinterlassen hat. Andererseits spiegeln die Aufnahmen die Geschichte der Industriefotografie wider. Der Autor möchte einen Baustein zum besseren Verständnis dieser Geschichte liefern: Wie nutzte ein großer Montankonzern das Medium der Fotografie und was versprach er sich davon? Wie ging der Werksfotograf vor, welche Sujets interessierten ihn, welche Themen blendete er aus und welche ästhetischen Mittel setzte er ein?

Allerdings kann und will das Buch nicht jede einzelne Fotografie umfassend beschreiben und analysieren. Insofern lädt der Band zu eigenen Entdeckungen und Deutungen ein, zu einer Spurensuche, die auch zu Kaffeekannen, Wäscheleinen und Schubkarren führen kann oder zu Bettdecken, die zum Auslüften im Fenster liegen. Die Bildunterschriften sind bewusst auf das Wesentliche reduziert, während die Einführungstexte zu den einzelnen Kapiteln jeweils einen Überblick geben und die Fotografien in allgemeine historische Zusammenhänge einordnen. Basisinformationen zur Geschichte des Bochumer Vereins und zu seinem Umgang mit der Fotografie sind in zwei Texten an den Anfang gestellt. Die daran anschließenden Kapitel folgen einer thematischen Gliederung.

Im zweiten Einleitungsbeitrag werden auch Quellenprobleme thematisiert, z. B. das Fehlen von Kontextinformationen zu den Bildern. Häufig war es äußerst mühsam festzustellen, was die Fotografien überhaupt zeigen. Manche bisherige Zuschreibung erwies sich schlichtweg als falsch, und trotz intensiver Recherchen werden sich auch in den aktuellen Bildtiteln noch Unzulänglichkeiten finden. Vor diesem Hintergrund ist der Band nicht zuletzt ein Appell für weitere Forschungen, seien sie technik-, wirtschafts-, lokal- oder ausdrücklich fotografiehistorisch.

Kurz erläutert sei noch die editorische Praxis: Wegen des Druckformats und des Erhaltungszustandes der Objekte (Aussilberungen und Beschädigungen am Rand) mussten einige Fotografien leicht beschnitten werden. Waren auf den Glasplatten-Negativen bereits zeitgenössisch Ausschnitte für eine Veröffentlichung festgelegt, wurden diese berücksichtigt. Ansonsten erfolgten nur in Einzelfällen stärkere Eingriffe in das Bild, wenn es darum ging, die zentralen Inhalte hervorzuheben. All das wird jeweils in den Bildunterschriften nachgewiesen. Im Abbildungsverzeichnis finden sich darüber hinaus Angaben zu den Formaten, den Fotografen und frühen Publikationsorten der Motive. Daraus entnommene Bildtitel werden in diesem Band immer in Anführungszeichen gesetzt. Vorlage für den Druck war in aller Regel, wenn vorhanden, das Glasplatten-Negativ der Fotografie. Gedruckt wird im hochwertigen Duoton-Verfahren.

Ohne die Unterstützung und Hilfsbereitschaft vieler wäre dieses Buch nicht möglich gewesen. Ihnen allen gilt mein herzlicher Dank. Die Alfried Krupp von Bohlen und Halbach-Stiftung stellte sich als Eigentümerin des Historischen Archivs Krupp und der Fotografien jederzeit hinter dieses Vorhaben. Im Historischen Archiv Krupp profitierte der Verfasser sehr von der Unterstützung der Kolleginnen und Kollegen. Mit ihrem Sachverstand und zahlreichen weiterführenden Hinweisen trug insbesondere Mag. Manuela Fellner-Feldhaus zum Fortgang der Arbeit erheblich bei. Dr. Ute Kleinmann danke ich für inhaltliche Verbesserungen, Stephan Küpperbusch für vielfältige technische Unterstützung. Für seinen umfassenden kritischen Blick bin ich Professor Dr. Manfred Rasch (thyssenkrupp Konzernarchiv) ausgesprochen verbunden. Er bewahrte mich vor mancher Fehleinschätzung. Mit ihrem Wissen um Industrie- und Technikgeschichte halfen in Einzelfragen ferner Hartmut Gräber (Dortmund), Barbara Friedhofen (Rheinisches Eisenkunstguss-Museum, Bendorf-Sayn), Mirko Herzog und Peter Schön (Technisches Museum Wien), Roger Lang (Land Rheinland-Pfalz), Gerald P. Mager (Stadt Rottweil), Stefan Schäfer (Stadtarchiv Hann. Münden), Rainer Wiegand (Stiftung Historischer Eisenbahnpark Niederrhein), Gabriele Unverferth (Westfälisches Wirtschaftsarchiv, Dortmund), Dr. Michael Farrenkopf und Dr. Stefan Przigoda (Bergbau-Archiv, Bochum), Andreas Zilt und Astrid Dörnemann (thyssenkrupp Konzernarchiv, Duisburg) sowie die Mitarbeiterinnen und Mitarbeiter des Stadtarchivs Bochum.

Klaus Pollmeier (Mülheim a.d. Ruhr) fertigte hochwertige Digitalisate als Druckvorlagen an und stand bereitwillig für Auskünfte über historische fotografische Techniken zur Verfügung. Im Aschendorff-Verlag ließ sich Dr. Dirk F. Paßmann von dem Projekt ganz unmittelbar begeistern, als er die Originale in Händen hielt. Last but not least ist Dr. Burkhard Beyer zu danken, der vor mittlerweile elf Jahren die ersten Ideen zu einer umfassenden Publikation über die Fotografien des Bochumer Vereins entwickelte. Wieder einmal bestätigt sich der Satz, dass auch Bücher ihre Geschichte haben. Manchmal dauert sie viel, viel länger, als man denkt und hofft.

Essen, im Januar 2017 Ralf Stremmel

FIRMA UND FOTOGRAFIE IM ÜBERBLICK

KURZE GESCHICHTE DES „BOCHUMER VEREINS FÜR BERGBAU UND GUSSSTAHLFABRIKATION" BIS 1926

Im Jahr 1907 stand der Bochumer Verein in der Liste der größten deutschen Unternehmen auf Platz 19, gemessen an der Zahl der Beschäftigten.[1] Mit seinen gut 12.000 Mitarbeitern erwirtschaftete das Unternehmen in jenem Jahr einen Gewinn von fast fünf Millionen Mark – in heutige Kaufkraft umgerechnet wären das rund 28 Millionen Euro.[2] Seit langem prägte das Unternehmen Bochum und die umliegenden Landgemeinden: finanziell als Steuerzahler, kommunalpolitisch als gewichtiger Wähler im Drei-Klassen-System und über Stadtverordnete, städtebaulich als Grundstückskäufer und Bauherr, nicht zuletzt aber demographisch und sozial, denn die Beschäftigten mit ihren Familienangehörigen machten bis zu 40 Prozent der Bochumer Bevölkerung aus.[3]

Auch überregional genoss das Unternehmen Aufmerksamkeit, ja Respekt. Generaldirektor Louis Baare wirkte über Jahrzehnte als Präsident der Bochumer Handelskammer und mischte auch in der Reichspolitik mit, insbesondere durch Initiativen zur Unfallversicherung und Zollgesetzgebung. Die „Gartenlaube", eine populäre, viel gelesene Illustrierte, porträtierte das Unternehmen bereits 1875 als „gewaltige[s] Werk", „welches Stadt und Umgegend mit wahrhaft elementarer Gewalt umgestaltet" habe und in der ganzen Welt vom Erfolg „deutschen Fleißes" zeuge.[4]

Ohne Frage: Es handelte sich um ein prominentes, einflussreiches und ökonomisch erfolgreiches Unternehmen. Und der Bochumer Verein war ein vergleichsweise altes Unternehmen. Seine Anfänge gingen auf das Jahr 1842 zurück, als der Uhrmacher und Bauernsohn Jacob Mayer gemeinsam mit dem Kaufmann Eduard Kühne eine Gussstahlfabrik gründete und das Werk in Bochum, „auf der Kohle", ansiedelte. Die Firma begann als Anbieter einer Spezialität: Guss- oder technisch treffender Tiegelstahl entstand aus dem Umschmelzen von Stahl in Tontiegeln und war ein sehr homogener, reiner, äußerst belastbarer und entsprechend hochwertiger Werkstoff. Der Bochumer Verein lieferte ihn zur Weiterverarbeitung zunächst vor allem an die Kleineisenindustrie im Bergischen Land und im märkischen Sauerland, also die Region zwischen Solingen und Iserlohn, Elberfeld-Barmen und Lüdenscheid. Ein zweites Standbein der Firma war bald der von Mayer um 1850 erfundene Stahlformguss, ein Verfahren, das es ermöglichte, den flüssigen Stahl direkt in Formen für Fertigprodukte zu gießen, ohne dass diese in arbeitsaufwendigen Prozessen noch mehrfach geschmiedet oder gewalzt werden mussten. So entstanden Räder und Maschinenteile, aber auch Glocken, die der Bochumer Verein 1855 auf der Weltausstellung in Paris öffentlichkeitswirksam präsentieren konnte. Hier feierte Mayer seinen wohl spektakulärsten Triumph. Konkurrent Krupp hatte angezweifelt, dass die Glocken aus Tiegelstahl gegossen worden waren, und Mayer bewies das Gegenteil. Die Presse berichtete ausführlich, der Bochumer Verein war in aller Munde. Der Stahlformguss stellte von nun an weltweit sein Aushängeschild dar.

1 | Jacob Mayer, um 1870

2| Briefkopf der Gussstahlfabrik Mayer & Kühne, 1847 (Ausschnitt)

Da die Gussstahlfabrik Mayer & Kühne zu kapitalschwach war, um die notwendigen Investitionen in Aufbau und Erweiterung der Betriebsstätten zu finanzieren und wirtschaftliche Engpässe zu überbrücken, ging sie 1854 in der, unter Beteiligung Kölner Privatbanken, neu gegründeten Aktiengesellschaft „Bochumer Verein für Bergbau und Gussstahlfabrikation AG" auf. Mayer blieb technischer Direktor, aber an die Spitze des Unternehmens rückte der kaufmännisch ausgebildete Louis Baare als Generaldirektor.

In seiner vier Jahrzehnte dauernden Ära begann die Massenstahlproduktion: 1862 erwarb der Bochumer Verein, als zweites deutsches Unternehmen nach Krupp, das Patent zum Bessemerverfahren. Mit dieser Art der Stahlherstellung stieg die Produktivität sprunghaft: In der gleichen Zeit konnte 70 Mal mehr Stahl erzeugt werden. Bessemerstahl diente vor allem als Grundlage für die Fabrikation von Schienen. Überhaupt waren Eisenbahngesellschaften die wichtigsten Kunden des Bochumer Vereins. Neben Schienen und Rädern bezogen sie Achsen, Federn, Weichen und dergleichen. Außer dem Eisenbahnmaterial gehörten schwere Teile für den Schiffs- und Maschinenbau zu den Haupterzeugnissen, teils als Einzel- und Sonderanfertigungen, teils in standardisierten Serien. Bereits seit den späten 1840er-Jahren tastete sich die Firma auch an die Herstellung von Geschützen heran. Neben Geschützen produzierte sie später zwar auch Geschosse, doch die Waffenfertigung spielte nie eine so große Rolle wie bei Krupp in Essen.

3| Louis Baare, um 1885

Mit dem Bau eines Siemens-Martin- (1875) und eines Thomas-Stahlwerks (1881) setzte der Bochumer Verein weiterhin auf eine schnelle Übernahme innovativer Technologien, die eine rationelle Massenproduktion erlaubten. Tiegelstahl, womit alles begonnen hatte, war nur noch ein Nischenprodukt. Aus der bescheidenen Gussstahlfabrik wurde bis 1890 ein vielfach verflochtener vertikaler Konzern, der vom Rohstoff bis zum Endprodukt alles in einer Hand hielt. Selbstversorgung hieß die Devise: Um Roheisen zu produzieren, wurde 1876 der erste Hochofen in Bochum angeblasen, 1889 kaufte man die benachbarte „Aktiengesellschaft für Stahlindustrie". Hinzu kamen Steinkohlezechen wie Engelsburg (1886) und Carolinenglück (1900) bei Bochum sowie Erz- und Quarzitgruben in Deutschland, Luxemburg und Schweden.

Der Bochumer Verein folgte damit dem Entwicklungspfad anderer Montankonzerne im Ruhrgebiet zum gemischten bzw. integrierten Hüttenwerk, das Hochöfen, Stahl- und Walzwerke, Hammer- und Presswerke, Maschinenbetriebe, Transporteinrichtungen und Energiewirtschaft organisch miteinander verknüpfte und durch auswärtige Tochterbetriebe sinnvoll

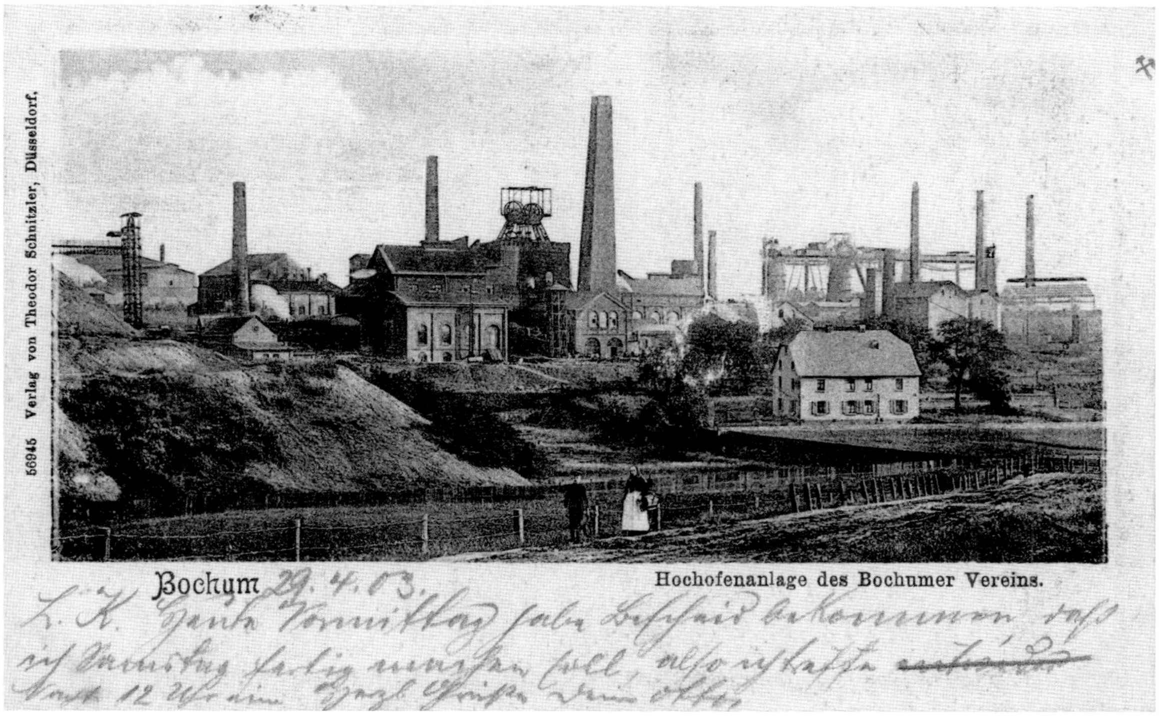

4| Postkarte „Hochofenanlage des Bochumer Vereins“, gelaufen 1903

ergänzte. Soweit zumindest die Zielvorstellung. In der Realität blieben falsche Entscheidungen und Fehlinvestitionen nicht aus. Teilweise führten sie zu Millionenverlusten, etwa im Fall gescheiterter Firmenbeteiligungen in Spanien und Italien oder beim Ankauf maroder Bergwerke. Auch das Thomasverfahren erfüllte die Hoffnungen keineswegs.

Die Investitionen in Südeuropa verweisen darauf, dass der Bochumer Verein international aktiv war. Zu Beginn der 1880er-Jahre setzte er mehr als die Hälfte seiner Produktion im Ausland ab.[5] Auch wenn dieser Anteil in den Folgejahren erheblich zurückging, blieb das Unternehmen global präsent. Noch Mitte der zwanziger Jahre wies es stolz darauf hin, dass Indien und Südafrika gute Abnehmer seiner Radreifen waren.[6]

Aber noch einmal zurück ins späte 19. Jahrhundert: In dieser Phase war der Bochumer Verein sowohl Massen- als auch Spezialhersteller. Die Strategie, die das Unternehmen allerdings seit den 1890er-Jahren einschlug, unterschied sich von Konkurrenten. Viele suchten Kostenvorteile durch hohe Stückzahlen, den Aufkauf von Konkurrenten und günstigere Standorte, insbesondere am Rhein. Der Bochumer Verein sperrte sich gegen eine solche Strategie des „Wachstums um jeden Preis“[7] und konzentrierte sich stattdessen mehr und mehr auf Qualitätserzeugnisse, auf Spezialitäten. Beispiele sind der Klein- und Feldbahnbau (ab 1886) sowie der Waggonbau (ab 1895). Dagegen erhöhten sich Roheisen- und Rohstahlerzeugung bis zum Vorabend des Ersten Weltkrieges kaum noch. Im Krieg stellte sich der Bochumer Verein weitgehend auf die Rüstungsproduktion um: Geschützrohre und Geschosse, aber auch rollendes Eisenbahnmaterial diente jetzt Kriegszwecken. Frauen und in geringerem Maße auch Kriegsgefangene ersetzten die eingezogenen Arbeiter.

5| Frauenarbeit im Ersten Weltkrieg: Herstellung von Gliederriemen (Ausschnitt), um 1916

Die Unternehmenskultur des Bochumer Vereins, seine „corporate identity“, zeichnete sich offenbar durch ein starkes Zusammengehörigkeitsgefühl aus. Louis Baare, auch sein Sohn und Nachfolger Fritz, regierten zwar patriarchalisch, in manchem auch autokratisch. An ihrem Selbstverständnis als „Herren im Hause“ ließen sie nicht rütteln. Doch sie förderten auch die betriebliche Sozialpolitik, mit Schwerpunkt vor allem im Wohnungsbau. Herausragende Projekte waren ein Kost- und Logierhaus für 1.500 ledige Arbeiter und die Siedlung Stahlhausen. Daneben richtete der Bochumer Verein Unterstützungskassen ein und gründete eine

6| Fußballmannschaften der Lehrlingssportabteilungen des Bochumer Vereins und der Gelsenkirchener Bergwerks-AG (Freundschaftsspiel 1:6), 1.3.1925

Konsumanstalt. Seine Sozialpolitik folgte in aller Regel dem Beispiel anderer Unternehmen; sie war umfangreich und respektabel, aber branchentypisch. Selten war die Bochumer Firma ein Pionier. Auch die Motive unterschieden sich kaum von denen andernorts. Es ging darum, eine qualifizierte Stammarbeiterschaft an das Unternehmen zu binden und revolutionärer Unruhe vorzubeugen bzw. den Einfluss von Gewerkschaften und Sozialdemokratie zurückzudrängen. Philanthropische Gedanken, sprich Mitmenschlichkeit, schloss das nicht aus.

Sehr früh initiierte die Unternehmensspitze identitäts- und gemeinschaftsstiftende Aktionen wie Jubilarehrungen, die 1894 zum ersten Mal stattfanden – ein Novum in der Ruhrgebietsindustrie. Die Arbeitsbeziehungen gestalteten sich alles in allem wenig konfliktträchtig, sieht man von der Sondersituation auf den Zechen ab. Nur wenige kleinere Protestaktionen der Bochumer Hüttenarbeiter sind im Kaiserreich nachweisbar, kein regelrechter Streik: bei allen Vorbehalten zumindest ein Indiz dafür, dass die vom Unternehmen propagierte, geradezu familiäre Werksgemeinschaft für viele Beschäftigte auch Wirklichkeit war. Nicht zu vergessen sind allerdings die Pressionen von Seiten des Managements. Wo Beschäftigte gegen die Betriebsleitung agitierten oder politisch für eine andere Linie kämpften, hatten sie mit der Entlassung zu rechnen.

Die deutsche Niederlage im Ersten Weltkrieg blieb auch für den Bochumer Verein nicht folgenlos. Die Eisenerzgrube Fentsch in Lothringen ging verloren, und in den Bochumer Werken mussten zahlreiche Maschinen, die zur Herstellung von Waffen gedient hatten, zerstört werden. Internationale Handelsverflechtungen zerrissen. Linksrheinische deutsche Gebiete wurden militärisch besetzt, im Zusammenhang mit Kapp-Putsch und Roter Ruhr-Armee brachen 1920 bürgerkriegsähnliche Kämpfe aus, schließlich marschierten im Januar 1923 Franzosen und Belgier ins Ruhrgebiet ein. Hyperinflation und Währungsreform folgten. In dieser turbulenten Anfangsphase der Weimarer Republik gestaltete es sich für das Unternehmen schwierig, langfristig und strategisch zu planen. Abgesehen davon waren die Männer, die im Aufsichtsrat und im Vorstand den Ton angaben, keine Freunde der Demokratie. Soziale Spannungen verschärften sich. Erstmals brach 1919 im Bochumer Werk ein Streik aus. Aber selbst jetzt, in der neuen politischen und sozialen Ordnung, blieb es eher ruhig. Die

Veränderungen und die neuen Chancen, ihre Interessen zu artikulieren und bessere Lebensbedingungen durchzusetzen, schienen an den Arbeitern fast „spurlos vorüber gegangen zu sein“.[8] Es mag sein, dass die identitätsstiftende Kraft des Bochumer Vereins dazu beitrug. Mit neuen Mitteln versuchte die Firmenspitze die Gemeinschaft zu stärken, zum Beispiel mit Lehrlingssport. 1924, später als anderswo, erschien auch erstmals eine Werkszeitung: Kommunikationsmedium und zugleich Kitt im Unternehmen.

7| Walter Borbet, um 1925

Bis 1920 erwarb der Berliner Bankier und Spekulant Hugo Herzfeld an der Börse die Mehrheit der Aktien des Bochumer Vereins. Das Paket ging bald auf den Mülheimer Hugo Stinnes über, eine schillernde Unternehmerpersönlichkeit, die äußerst geschäftig Firmen aufkaufte. Als Ideengeber hinter Stinnes versuchte Albert Vögler, in der Montanindustrie einen größeren Konzernverbund zu schmieden. Mit dem Kohlebaron Emil Kirdorf gründeten Stinnes und Vögler im Oktober 1920 die Rhein-Elbe-Union GmbH, eine Interessengemeinschaft zwischen Deutsch-Luxemburgische Bergwerks- und Hütten-AG sowie Gelsenkirchener Bergwerks-AG. Wenige Monate darauf schloss sich auch der Siemens-Konzern an. So entstand die Siemens-Rhein-Elbe-Schuckert Union, in die 1921 auch der Bochumer Verein für Bergbau und Gussstahlfabrikation AG aufgenommen wurde. In diesen Jahren stieg der Ingenieur Walter Borbet zum neuen starken Mann an der Spitze des Bochumer Vereins auf.

Die lose Interessengemeinschaft führte zwar zu gewissen Rationalisierungen und Produktionsabstimmungen, wirkte sich aber letztlich auf den Bochumer Verein nur marginal aus. Er trieb sein Modernisierungsprogramm voran. Zentrales Element war vor allem der Neubau eines Werks in Höntrop, wo zwischen 1922 und 1924 ein Röhrenwalzwerk mit einem vorgeschalteten Siemens-Martin-Werk entstand – und im Übrigen auch ein trutziges Verwaltungsgebäude und eine große Siedlung für Beschäftigte gebaut wurden. Höntrop war ein Erfolgsprojekt; das Röhrenwalzwerk arbeitete sehr profitabel und fuhr hohe Gewinne ein.

8| Stand mit Produkten des Bochumer Vereins auf der „Deutschen Verkehrsausstellung“ in München, 1925

9| Siemens-Martin-Stahlwerk in Höntrop mit den Signets der Vereinigte Stahlwerke AG (links) und des Bochumer Vereins für Gussstahlfabrikation (rechts), um 1930

Die hochwertigen Röhren waren ein neues Produkt des Unternehmens; auch der Bau von Flugzeug- und Autoteilen spielte in den zwanziger Jahren eine größere Rolle als zuvor, blieb aber in den Dimensionen überschaubar. Das galt auch für Rüstungsprodukte: Der Bochumer Verein durfte Artilleriegeschosse vom Kaliber 3,7 bis 30,5 cm herstellen.[9] Insgesamt änderte sich am Produktionsprogramm im Vergleich zur Vorkriegszeit aber eher wenig: Eisenbahnmaterial brachte den höchsten Umsatz, und größter Abnehmer des Bochumer Vereins war das Eisenbahn-Zentral-Amt.[10]

1926 fanden die Fusionsprozesse in der Montanindustrie einen Abschluss: Die Rhein-Elbe-Union mit dem Bochumer Verein, die Thyssen-Gruppe, die Phoenix-Gruppe und die Rheinischen Stahlwerke schlossen sich zur Vereinigte Stahlwerke AG zusammen, damals der größte europäische Montankonzern. Die Anlagen des Bochumer Vereins wurden im Laufe des Jahres eingebracht, die 1854 gegründete Aktiengesellschaft wurde aufgelöst. Mit der Fusion verlor der Bochumer Verein seine Autonomie; von nun an fielen strategische Entscheidungen andernorts. Kurz- und mittelfristig wirkte sich das erheblich auf die Standorte des Unternehmens und sein Produktionsprogramm aus. Bereits im Fusionsjahr legte man im Zuge der Rationalisierung unter anderem die Eisengießerei sowie den Waggon- und Feldbahnbau still. 1926, im letzten Jahr seiner Selbstständigkeit, beschäftigte der Bochumer Verein 17.269 Mitarbeiter, besaß ein Aktienkapital von 56 Millionen Reichsmark und erwirtschaftete bei Abschreibungen von 6,7 Millionen Reichsmark einen minimalen Gewinn von 131.000 Reichsmark.[11] Die ökonomische Lage war bereits prekär, aber die wirklich fundamentale Krise sollte erst 1929 mit der Großen Depression kommen.

ANMERKUNGEN

1 Martin Fiedler: Die 100 größten Unternehmen in Deutschland nach der Zahl ihrer Beschäftigten. 1907, 1938, 1973 und 1995, in: Zeitschrift für Unternehmensgeschichte 44 (1999), S. 32–66, hier S. 45.

2 Reingewinn nach Abschreibungen u. a. m. laut Däbritz: Bochumer Verein, Tabelle 3. Umrechnung nach http://www.bundesbank.de/Redaktion/DE/Downloads/Statistiken/Unternehmen_Und_Private_Haushalte/Preise/kaufkraftaequivalente_historischer_betraege_in_deutschen_waehrungen.pdf;jsessionid=0000qpkrofVEwJ_ANMtFiSQuwZd:-1?__blob=publicationFile (24.1.2015).

3 Schätzungen für das Jahr 1891, siehe Rudzinski: Unternehmen, S. 286.

4 Deutschlands große Werkstätten. Der Bochumer Verein, in: Die Gartenlaube, Nr. 32, 1875, S. 541–546, Zitate S. 543 und 546. Zu den damaligen Erfolgsfaktoren des Bochumer Vereins und seiner finanziellen Solidität s. jetzt bes. Lindenlaub: Finanzierung.

5 Ausfuhren in den Geschäftsjahren 1871/72 bis 1894/95 aufgelistet bei Feldenkirchen: Eisen- und Stahlindustrie, S. 231.

6 Unsere Radreifen- und Radscheiben-Walzwerke, in: Hütte und Schacht, Nr. 11, Juni 1925, S. 4–5, hier S. 4.

7 Rudzinski: Unternehmen, S. 73.

8 Ferreau: Arbeit und Herrschaft, S. 234.

9 Seebold: Stahlkonzern, S. 42.

10 Geschäftsbericht für 1924/25: Historisches Archiv Krupp, WA 80/1046.

11 Ebd.; Däbritz: Bochumer Verein, Tabelle 8.

10| „Hauptansicht der Gußstahlfabrik“ von Norden, aus Sicht der Hochöfen, (links Hammerwerk II, in der Mitte im Hintergrund das Siemens-Martin-Werk, davor das Kesselhaus, rechts daneben die Gebläsehalle, zu der Gasleitungen führen, ganz rechts der Kühlteich, im Vordergrund rechts die Erzlager mit Hochbahn), 1884

11 | „Gußstahlfabrik. Bochum. 1865“, Aufnahme von Südosten, wahrsch. vom Turm der Marienkirche (im Vordergrund die Anschlussbahn zur Bergisch-Märkischen Bahnstrecke, im Hintergrund links verschwommen Häuser der Siedlung Stahlhausen, daneben die Kanonenwerkstatt und die Gasfabrik; mit xx im Hintergrund als 2. Haus von rechts gekennzeichnet Wohnhaus von Louis Baare, zwischen den beiden höchsten Schornsteinen im Bildzentrum das Bessemer-Stahlwerk, rechts daneben der Haupteingang der Fabrik, weiter rechts die Eisengießerei); vorn Schubkarren auf den Feldern, in der rechten Mitte Wäsche auf der Leine. Der Rauch der Schornsteine wurde ins Bild retuschiert, [1868]

12| Bahnanlage der Zeche Carolinenglück mit Gasleitung und „Glückauf-Siedlung“ (im Hintergrund: links Zeche Engelsburg, Mitte Gasometer, rechts Werk Höntrop, ganz vorne Seilbahn zum Hauptwerk), 1.5.1925

13| Blick von Nordwesten auf den Bochumer Verein mit der Hochofenanlage, wahrsch. von einem Gasometer (im Vordergrund links die Ev. Kirche an der von der Recke-Straße in Bochum-Hamme, in der Bildmitte Schlackenhalden, rechts eine Ziegelei, im Hintergrund rechts die aufgeständerte Gasleitung zwischen dem Bochumer Stammwerk und dem neuen Werk in Höntrop, halb rechts die Seilbahn zur Zeche Carolinenglück), 1.5.1925

14| Blick von Osten auf den Bochumer Verein (rechts hinten die Hochofenanlage, in der Bildmitte der Glockenturm), 5.7.1923

15| Blick von Südosten auf den Bochumer Verein (ganz im Hintergrund in der Bildmitte die Hochofenanlage), 1926

16| Werk Höntrop im Bau, aufgenommen vom neuen Verwaltungsgebäude (von links: Baustelle des Siemens-Martin-Stahlwerks, Mannschaftsgebäude, Akkumulatorenturm, Pumpenhaus, drei Hallen des Röhrenwalzwerks, Adjustagehallen), 10.4.1923

FOTOGRAFIEN VOM BOCHUMER VEREIN

Könnte er dieses Buch noch in Händen halten, wäre er wohl überrascht. Vielleicht hätte er sich geehrt gefühlt, und sicherlich hätte er einiges zu erzählen gehabt. Befragen können wir ihn leider nicht mehr. Die Rede ist von Ernst Topp, dem langjährigen, 1932 verstorbenen Werksfotografen des Bochumer Vereins für Bergbau und Gussstahlfabrikation. Ein beträchtlicher Teil der hier abgedruckten Fotografien stammt von ihm. Dass seine Arbeiten nach so vielen Jahrzehnten noch so bedeutsam sind, sie zu publizieren, lag vermutlich außerhalb seines Vorstellungshorizontes, denn ursprünglich dienten die Aufnahmen lediglich dem aktuellen Gebrauch seines Arbeitgebers, des Unternehmens. Diese Art von Industriefotografie war pragmatisch und wollte Nutzen stiften, unmittelbaren und messbaren Nutzen.

▸ Abb. 4

Heute nimmt man ihre ästhetische Qualität mit anderen Augen als damals wahr, erkennt das Bemühen der Werksfotografen um die Form, schätzt ihre gestalterische Kompetenz. In vielen Aufnahmen steckt der Wille zu einer ästhetischen Bildsprache. Insbesondere aber liefern die Fotografien – kritisch beleuchtet – dichte Informationen über Arbeitswelten und Produktionsprozesse. Die Skepsis, die Bertolt Brecht gegenüber der Industriefotografie an den Tag legte, ist verständlich, doch einseitig: Eine Fotografie der AEG oder der Krupp-Werke verrate „beinahe nichts" über diese Unternehmen, meinte der Schriftsteller.[1] Ohne Zweifel: Fotografie ist nicht neutral, das Objektiv ist nicht objektiv. Die Fotografie zeigt Ausschnitte, und der Fotograf gestaltet, ob bewusst oder unbewusst. Manches Mal verfolgen er oder seine Auftraggeber kühl kalkulierte Absichten, das heißt hinter den Bildern stehen Kommunikationsstrategien. Die Interpretation der Aufnahmen ist in hohem Maß subjektiv, da abhängig von Fragen und Vorwissen des Betrachters. Trotz alledem: Fotografien helfen, historische Wirklichkeit zu verstehen und zu erklären. Fotografien konstruieren Realität, und gleichzeitig spiegeln sie Realität wider, von den Holzschuhen des Arbeiters über die Eisenteile eines Dampfhammers bis hin zur Konstruktion der Werkshallen.

Ihr Detailreichtum und das breite Spektrum der Motive zeichnet die Fotografien des Bochumer Vereins in dem hier behandelten Zeitraum besonders aus. Hinzu kommt ihr Alter: Sie gehen bis in die 1860er-Jahre zurück. Schließlich ist die technische Qualität meist überzeugend – und das, obwohl der Bochumer Verein der Fotografie erheblich weniger Aufmerksamkeit schenkte als etwa der weitaus größere Konkurrent Krupp oder ein Industriegigant wie General Electric in den Vereinigten Staaten. Anders als diese beiden Unternehmen kreierte er keine Bildikonen mit einer starken Erzählung; nicht einmal Spezialisten verbinden heute eine bestimmte Fotografie mit dem Bochumer Verein. Aber gerade das ist der Normalfall. Dass die Bochumer Industriefotografien weniger „perfekt" sind als die Kruppschen, dass sie weniger aufwendig inszeniert sind, dass sie nicht so massenhaft gestreut wurden – das alles macht sie auf der anderen Seite typischer für die Bildproduktion der Wirtschaft.

In den letzten Jahren griffen Wissenschaftler, Ausstellungsmacher, Denkmalpfleger und Tourismusbüros wiederholt, aber jeweils nur punktuell auf Fotografien des Bochumer Vereins zurück.[2] Nutzen stiften sie also noch heute, wenn auch einen anderen als den ursprünglich beabsichtigten. Was bislang fehlt, ist eine systematische Sichtung der Überlieferung, gewissermaßen eine Autopsie des Bestandes. Künftigen Spezialstudien wäre es vorbehalten, Tiefenbohrungen anzustellen und einzelne Aufnahmen künstlerisch-ästhetisch, technik-, sozial- oder kulturgeschichtlich auszudeuten.[3] Das kann im vorliegenden Buch nicht geleistet werden.

ÜBERLIEFERUNG

Wer sich in Archiven mit historischen Fotografien von Unternehmen auseinandersetzt, erliegt leicht einer doppelten Illusion, weil er annimmt, die Überlieferung sei vollständig und die Aufnahmen ließen sich in Form, Inhalt und Bedeutung entschlüsseln. Tatsächlich gilt weder das eine noch das andere. Wir wissen, dass wir manches nicht wissen. Schlimmer noch: Wir wissen nicht einmal alles, was wir nicht wissen. Warum vorhanden ist, was heute noch vorhanden ist und warum anderes nicht mehr vorhanden ist, ist rational nicht vollständig zu erklären. Das Phänomen der Kontingenz, des Zufalls spielt eine große Rolle.

Erstmals erfolgte für das vorliegende Buch eine konsequente Überprüfung aller im Historischen Archiv Krupp überlieferten Fotografien des Bochumer Vereins. Der Gesamtbestand von den Anfängen in den 1860er-Jahren bis 1926 umfasst rund 2.500 Aufnahmen, wobei der Großteil aus den 1920er-Jahren stammt. Das Konvolut zerfällt in zwei Blöcke: zum einen die Aufnahmen der Werksfotografie seit den 1890er-Jahren[4] in Form von Glasplattennegativen und Abzügen in einer Kartei (wobei nicht von jeder Glasplatte ein Abzug angefertigt wurde und auch nicht zu jedem Abzug die Glasplatte erhalten ist), zum anderen die Sammlung des früheren Bochumer Werksarchivs. Sie besteht aus Fotoalben und Positivabzügen, meist von externen Fotografen, aber teils auch von Werksfotografen.[5] Ursprünglich muss der Bestand der Werksfotografie deutlich umfangreicher gewesen sein. Beispielsweise sind in der Werkszeitung Fotografien abgedruckt, zu denen weder Negative noch Abzüge überliefert sind. Entweder sind die entsprechenden Originale verloren gegangen, oder die Fotografien stammten von Externen, z. B. Studiofotografen. Werksfotograf Topp soll eine Fülle von Porträts und Jubilarbildern aufgenommen haben;[6] davon existiert im Original nichts mehr.

Einige Glasplattennegative der Werksfotografie sind, vielleicht schon vor dem Ersten Weltkrieg, mit Nummern versehen worden. Es muss damals eine „ursprüngliche" Ordnung gegeben haben, die jedoch nicht mehr rekonstruierbar ist. Zu einem unbekannten Zeitpunkt sahen die Werksfotografen offenbar den Gesamtbestand durch, reduzierten ihn massiv (nach Kriterien, die wir nicht kennen) und nummerierten den übrig gebliebenen Rest anschließend neu. Diese Nummern sind heute noch aktuell, aber es gibt Lücken, das heißt: von den Platten, die nach der Durchsicht noch existierten, gingen nochmals Teile verloren.[7] Mit anderen Worten: Die heute noch vorhandene Überlieferung wurde mehrfach gefiltert, und die genaue Art der Filter ist nicht mehr zu rekonstruieren.

1 | Glasplatten-Negative des Bochumer Vereins im Historischen Archiv Krupp vor endgültiger Bearbeitung, 2015

Die heute aufbewahrten Glasplatten haben sämtlich das Format 18 x 24 cm, also ein Standardformat der professionellen Fotografie jener Zeit. Die Platten sind recht gut erhalten, bis auf Spuren von Aussilberung. Auch die meisten Positivabzüge befinden sich trotz gelegentlicher Verschmutzungen in einem altersgemäß zufriedenstellenden Zustand. Älteste erhaltene Original-Aufnahmen sind Porträts von Louis Baare, Jacob Mayer und seiner Frau Agnes, sämtlich um 1865 bei Atelierfotografen außerhalb von Bochum entstanden. Aus der zweiten Hälfte der 1860er-Jahre stammen zwei Fotografien eines Geschützabnahme-Kommandos aus Bayern in der Kanonenwerkstatt (1867), eine Gesamtansicht des Werks (handschriftlich auf 1865 datiert, aber höchstwahrscheinlich 1868 angefertigt) sowie zwei Ansichten von Werkshöfen (1865/70), s. Abb. 11 | S. 21, 3 | S. 148 und 1 | S. 203.[8] Diese fünf Fotografien dürften zugleich die ältesten überhaupt bekannten Aufnahmen aus der heutigen Großstadt Bochum sein.

Oft ist die Entschlüsselung der Fotografien schwierig und eine Zuordnung spekulativ. Mehr als die Hälfte der überlieferten Motive sind gar nicht beschriftet, weder betitelt noch datiert.

2| Maschinenteile. Auf der Glasplatte finden sich Abklebungen mit handschriftlichen Hinweisen für Ausschnitt und Format des gewünschten Abzuges, um 1910

Das Wissen um korrekte Datierungen ging offenbar schon früh verloren. In der Zeitschrift „Stahl und Eisen" erschienen 1935 einige frühe Fotografien des Bochumer Vereins,[9] die dort auf die 1860er-Jahre datiert wurden, aber eindeutig zehn bis zwanzig Jahre später aufgenommen worden sind. Im Verlauf der Arbeit an diesem Buch konnten viele Zuschreibungen korrigiert, andere neu ermittelt werden. Gelegentlich tauchten sogar Fotografien zu Themen auf, die man bislang vermisste. Beispielsweise zeigt immerhin eine Aufnahme augenscheinlich Frauenarbeit im Ersten Weltkrieg (s. Abb. 5 | S. 13). Trotz der neuen Erkenntnisse und des Zuwachses an Wissen bleiben viele Rätsel. Warum wird ein Telefon aufgenommen (s. Abb. 3)? Wo wird der auf der Glasplatte penibel markierte Ausschnitt (s. Abb. 2) am Ende publiziert?

FRAGEN

Im Diskurs über die Geschichte der Fotografie steht die Industriefotografie ganz am Rand. Sie ist höchst unzureichend erforscht. Methodisch und analytisch wegweisende Ansätze[10] wurden kaum weiterverfolgt, obwohl mittlerweile mehrere industriefotografische Sammlungen in Publikationen präsentiert wurden. Nach wie vor fehlt indes eine Gesamtdarstellung der Industriefotografie. Diese Lücke kann hier nicht geschlossen werden, aber das Buch möchte Anhaltspunkte für das Weiterdenken geben, Vergleichsmöglichkeiten eröffnen und Referenzbeispiele bieten. Greift man auf Begriffe der Zeichentheorie zurück, lassen sich Fotografien auf drei Ebenen untersuchen: Pragmatik, Syntaktik und Semantik.[11] Die Pragmatik fragt nach den Beziehungen zwischen den Bildern auf der einen sowie ihren Produzenten und Rezipienten auf der anderen Seite. Von Interesse sind insbesondere Entstehungsumstände und Verwendungszwecke. Die Syntaktik beschäftigt sich mit ästhetischen Faktoren wie Bildaufbau, Gestaltung und dergleichen. Die Semantik zielt auf den Gehalt der Fotografien, ihre Bedeutungen und ihren Symbolwert. Dazu gehört auch die Analyse ihrer Themen: Was halten Fotograf und Auftraggeber überhaupt für bildwürdig und was nicht? Nicht auf jede dieser Fragen gibt das Fallbeispiel des Bochumer Vereins Antworten, da außer den Aufnahmen selbst meist keine Quellen vorhanden sind. Einige Antworten seien jedoch im Folgenden vorgestellt. Zunächst zu einigen Aspekten der „Pragmatik".

3| Telefon, Serie SA 19 der Firma Siemens & Halske, E-Modell (zum Zeitpunkt der Aufnahme eine Neuheit), 24.6.1924

FREIE UND WERKSFOTOGRAFEN BEIM BOCHUMER VEREIN

Die Geschichte der fotografischen Überlieferung des Bochumer Vereins ist durch eine Studie von Manuela Fellner-Feldhaus gut erforscht, so dass hier eine knappe Zusammenfassung genügt. Spätestens seit den 1850er-Jahren nutzten Unternehmen das damals moderne Medium der Fotografie, um zu dokumentieren und zu werben. 1861 gründete Alfred Krupp in Essen wohl die erste Werksfotografie überhaupt. Krupps Konkurrenten engagierten dagegen externe, freiberuflich tätige Fotografen, auch der Bochumer Verein. Namentlich bekannt sind als erster, wohl noch in den 1860er-Jahren, Hermann Günther (Berlin), kurz danach Edmund Risse (Berlin, mit Niederlassungen auch in Bochum[12] und auf Norderney) sowie Anselm Schmitz (Köln). Alle drei waren renommierte Vertreter ihres Faches und trugen den prestigeträchtigen Titel eines Hof-Fotografen. Über Inhalte und Rahmenbedingungen ihrer Aufträge wissen wir leider nichts.[13] Es mag sein, dass der Kontakt der Firma zu Günther über Generaldirektor Louis Baare erfolgte, den der Fotograf um 1865 porträtiert hatte (s. Abb. 12 | S. 58). Im Übrigen arbeitete Günther auch für die Gutehoffnungshütte, Risse für die Niederrheinische Hütte, beide Firmen nur wenige Kilometer entfernt.[14]

4| Ernst Topp (1881–1932), Werksfotograf, um 1930

Eine eigene Werksfotografie richtete der Bochumer Verein erst 1886 ein, als er den Angestellten Anton Mauch (s. Abb. 10 | S. 57) damit betraute. Dieser Schritt entsprach offenbar dem Trend der Zeit, denn das Gründungsjahr fiel in eine Epoche, als mehrere Unternehmen – auch in Nordamerika – den Nutzen einer selbstständigen Bildproduktion erkannten.[15] Im Fall des Bochumer Vereins schloss die Existenz eines Werksfotografen freilich nicht aus, für spezielle Aufträge auch weiterhin freie Fotografen zu engagieren, so etwa Felix Schaetzke (Bochum). Vermutlich waren die Kompetenzen des neuen Werksfotografen zumindest anfangs noch sehr begrenzt. Mauch, ein Neffe von Firmengründer Jacob Mayer, war ja in seinem neuen Metier Laie.[16] Fast vierzig Jahre, bis 1925, soll er für das Unternehmen fotografiert haben, doch nur wenige Aufnahmen sind ihm eindeutig zuzuschreiben, denn ein Firmenfotograf signierte seine Aufnahmen üblicherweise nicht, er trat und tritt bis heute ganz hinter seinem Werk zurück. Die aktuell noch vorhandenen Glasplattennegative aus der Zeit bis in die frühen 1920er-Jahre dürften allerdings höchstwahrscheinlich sämtlich von Mauch stammen. Seit 1922 arbeitete ein weiterer angestellter Fotograf für den Bochumer Verein, nämlich der bereits erwähnte Ernst Topp (s. Abb. 4).[17] Ihm können mehrere Hundert Aufnahmen durch entsprechende Vermerke in einer Kartei persönlich zugeordnet werden. Fotografiert wurde im Unternehmen darüber hinaus noch an einer zweiten Stelle: Für Spezialanwendungen existierte in der Forschungsabteilung ein Apparat für Mikrofotografie (s. Abb. 19 | S. 227), der vermutlich ausschließlich von den Labormitarbeitern benutzt wurde.

ARBEITSWEISEN

Die Werksfotografen des Bochumer Vereins verstanden sich, sofern ihre überlieferten Arbeiten Rückschlüsse erlauben, nicht als mitfühlende Teilnehmer, sondern als distanzierte Beobachter. Stets waren sie ausgesprochene Kenner des Abgebildeten: eine Schlüsselqualifikation, um den Kern eines Arbeitsvorgangs oder den Aufbau einer Werkshalle erfassen und eine stimmige Aussage transportieren zu können. Allerdings waren die Werksfotografen keine Autoren mit individueller Handschrift. Ein Interesse an formalen oder technischen Experimenten, etwa im Sinne des Piktorialismus, ist nicht zu spüren. Anregungen der künstlerischen Fotografie ihrer Zeit[18] nahmen die Werksfotografen lediglich in homöopathischer Dosis auf. Sie wählten ebensowenig radikale Ausschnitte wie außergewöhnliche Standorte, sie lösten die Wirklichkeit auch nicht im Abstrakten auf, wie es Vertreter der „subjektiven Fotografie" machten. Hin und wieder erkennt man in den Werksfotografien Annäherungen an diese künstlerischen Tendenzen (s. Abb. 3 | S. 126), doch die letzten Grenzen überschritten die Werksfotografen nie. Auch einen anderen Ansatz verfolgten sie nicht, nämlich alltägliche Lebensverhältnisse oder soziale Milieus fotografisch zu erfassen bzw. sozialdokumentarisch zu arbeiten. Inwieweit die Bochumer Werksfotografen die Trends und Moden der Fotografie in New York, Paris, London oder Berlin verfolgten, inwieweit sie über ihre eigene Arbeit nachdachten, ob sie ein solches Reflexionsvermögen überhaupt besaßen, muss im Dunkeln bleiben. Gelegentlich schimmern in ihren Arbeiten jedoch Witz und Originalität durch (s. Abb. 54 | S. 80). Grundsätzlich aber diente die Werksfotografie nicht der künstlerischen Selbstverwirklichung des Fotografen. Vielmehr bot sie eine Dienstleistung an und erfüllte die Aufträge des Unternehmens. Sie musste Routinen entwickeln, um effizient und zielorientiert zu arbeiten. Experimentierfreude war in diesem Umfeld eher hinderlich und zu kostspielig.

Gleichwohl strebte der Werksfotograf nach technisch-handwerklich gelungener Arbeit, wie er sie in der Ausbildung gelernt hatte. Das heißt, er wollte stürzende Linien vermeiden und ähnliches. Der Wille zur Gestaltung war vorhanden, geleitet vom Prinzip präziser Dokumentation. So nahm er sich Zeit, um sorgfältig die eindrucksvollste Perspektive zu finden, den Bildaufbau zu perfektionieren oder Menschen mit ins Bild zu nehmen, um maximale Aufmerksamkeit zu erzielen, eine „Geschichte" zu erzählen oder die größtmögliche Informationsdichte zu erzielen. Manchmal entstanden auf diesem Weg fotografische Serien. Für jeweils eine Aufnahme dieser Serien, also das Positionieren des Stativs, das Justieren der Kameraparameter und die Regieanweisungen an die im Bild arrangierten Beschäftigten, benötigte der Fotograf knapp 25 Minuten.[19] War der Fotograf oder sein Vorgesetzter mit dem Resultat trotz aller Mühen nicht zufrieden, variierte man die Inszenierung einige Zeit später, um die Bildaussage zu präzisieren. Beispielhaft abzulesen ist das an Aufnahmen eines 6 t-Dampfhammers, an dem mit einem Pyrometer die Temperatur des geschmiedeten Werkstücks bestimmt wurde: Die Aufnahmen vom 12. Juli 1924 schienen nicht vollends geglückt, so dass am 9. September alles noch einmal wiederholt wurde. In der Tat sind die neuen Aufnahmen handwerklich gelungener und wirkungsvoller, auch wenn sich nur Details im Blickwinkel des Fotografen und im Arrangement der Beschäftigten verschoben hatten.[20]

5| Aufbau der Maschinen in der neuen Halle der Mechanischen Werkstatt II. Rechts ein „durchsichtiger" Arbeiter, der sich zu früh aus dem Bild bewegte, 30.11.1925

Überhaupt gehörte dieses Spiel mit Menschen unabdingbar zum Metier des Fotografen.[21] Wenn er die überwältigenden Dimensionen eines Produktes oder einer Maschine veranschaulichen wollte, platzierte er gern Beschäftigte als Größenvergleich. Dabei war es keineswegs trivial, den „Richtigen" zu finden. Sollte es ein Arbeiter oder ein Angestellter sein? Der Betreffende musste fotogen sein, durch sein Äußeres wirken, Seriosität oder Energie oder Stolz ausstrahlen oder am besten alles zugleich. Er musste in sich ruhen, durfte nichts Aufmüpfiges, gar Revolutionäres haben. Kernig sollte er sein und in gewisser Weise typisch. Gleichzeitig musste er sich zurücknehmen, durfte sich nicht selbst in Pose werfen, durfte kein Model sein, sondern sollte Modell sein. Wie mühsam die Suche nach dem optimalen „Helden der Arbeit" war, zeigen zahlreiche Versuche, in denen der Fotograf unterschiedliche Beschäftigte neben Radsätzen oder Eisenbahnwaggons arrangierte (s. Abb. 34–37 | S. 73).[22] Gelegentlich verweigerten sich die Ausgewählten einer derartigen Inszenierung ganz: Auf einer Fotografie irritiert eine durchsichtige Gestalt, kein Geist, sondern ein Arbeiter, der nach ein paar Sekunden nicht mehr mitspielte und schnell aus dem Bild ging. Die Glasplatte bewahrte nur seine Umrisse (s. Abb. 5).[23]

Ohnehin gestalteten sich Arrangements in schummrig beleuchteten Werkshallen äußerst schwierig. Der Fotograf nutzte wohl durchweg das natürliche Licht, so dass relativ lange Belichtungszeiten von mindestens 20 bis 30 Sekunden erforderlich waren. In dieser Zeit mussten die Beschäftigten still halten. Viele schafften das nicht und bewegten sich. Folge: Auf der Glasplatte erschienen verwackelte Körper. Hielten dagegen alle still, wirkte das Bild oft steif.

Die technische Ausstattung der Bochumer Werksfotografie blieb in den 1920er-Jahren hinter der Zeit zurück. 1924 revolutionierten neue Kameras die fotografischen Möglichkeiten, insbesondere die flexible Leica für Kleinbildformate und die Ermanox mit einem äußerst lichtstarken Objektiv.[24] Über diese Technik verfügte man in Bochum nicht. Als seine Arbeit kritisiert wurde, beschwerte sich Werksfotograf Kurt Ksinsik über seine ungeeignete „Riesenkamera", die in den Betrieben mindestens Belichtungszeiten von zwanzig Sekunden,

6| Eisenbahnrad nach Schlagprobe, vor einer Werkshalle freigestellt für den Fotografen, um 1910

bei ungünstigen Lichtverhältnissen sogar zwei Stunden benötige.[25] Die schlechte Ausstattung lässt Rückschlüsse darauf zu, dass die Werksfotografie nicht so wichtig genommen wurde wie in anderen Unternehmen, ob bei Krupp oder bei General Electric.

Nicht nur Aufnahmen von Arbeitsprozessen, auch solche von Produkten warfen Schwierigkeiten auf. Gelegentlich stellte der Werksfotograf die Erzeugnisse noch in den Werkshallen gewissermaßen frei, will sagen: platzierte sie auf einem Podest, baute dahinter eine Trennwand oder ließ einen weißen Vorhang ziehen und streute Kalk oder Kreide auf den Boden (s. Abb. 6).[26] So konnten die Aufnahmen bzw. ein Ausschnitt später schneller und plastischer abgedruckt werden. Die Arbeitsschritte, die nach der eigentlichen Aufnahme erfolgten, sind nicht zu unterschätzen. Oft war ein Ausschnitt für den Abzug bzw. die Reproduktion in einer Druckschrift auszuwählen. Dazu wurde die Glasplatte mit Streifen abgeklebt,[27] vereinzelt sogar zusätzlich mit handschriftlichen Hinweisen zur Form der Abzüge versehen (s. Abb. 2). Direkt auf der Glasplatte führte man in einzelnen Fällen auch Retuschen durch. Nur so konnte beispielsweise der aus einem Schlauch spritzende Beton überhaupt visualisiert werden (s. Abb. 26 | S. 66).

VERWENDUNGSWEISEN

Ein weiterer Aspekt der „Pragmatik" zielt auf die Verwendungszwecke der Fotografien. Sie wurden im Fall des Bochumer Vereins während der Jahre vielfältiger und waren mit bestimmten Adressaten verknüpft, aber leider sind exakte Anweisungen an die Fotografen oder strategische Überlegungen der Werksleitung zur Fotografie nie überliefert. Daher muss man vorsichtige Rückschlüsse aus dem Vorhandenen versuchen.

Arbeiten von Günther, Risse und Schmitz, den frühen freien Fotografen, sind entweder in Form einzelner, auf Karton aufgezogener Abzüge oder gebunden als repräsentative Alben überliefert. Den Fotoalben scheint in den 1870er- und 1880er-Jahren das Hauptinteresse des Bochumer Vereins gegolten zu haben. Er nutzte die Prachtalben als Erinnerungsgabe und als exklusives Geschenk an potenzielle Geschäftspartner. Zwei erhielt der langjährige Verwaltungsratsvorsitzende Jean Marie Heimann, ein anderes wurde sogar dem österreichischen Kaiserhaus gewidmet.[28] Die Alben sollten Identität stiften und in den Köpfen der Mächtigen ein positives Image der Firma verankern. Von der Perfektion des Albums sollte auf die Perfektion der Firma geschlossen werden. Möglicherweise setzte dieser Gebrauch von Fotografien bereits 1858 ein, beim Besuch des Kronprinzen Friedrich Wilhelm in Bochum. Der Gast und seine Ehefrau erhielten vom Unternehmen zwei Alben zum Geschenk.[29] Vielleicht mit Fotografien?

7| Titelblatt des Prachtalbums für den Verwaltungsratsvorsitzenden Jean Marie Heimann, 1879

Im Grundsatz deckte sich dieser Verwendungszweck mit den Absichten eines Alfred Krupp, der seine Direktoren 1878 angewiesen hatte, Fotoalben anfertigen zu lassen, die Werke und Produkte vorstellten. Auch wenn daraus keine direkten Aufträge hervorgingen, so blieben die Eindrücke doch im Bewusstsein haften: „Mancher aber wird die Bilder sich ins Gedächtnis rufen." Damit dies gelinge, sei es von großer Bedeutung, möglichst lebendige Fotografien zu inszenieren und Beschäftigte in Aktion zu zeigen. „Das ist besonders wichtig für die nicht Eingeweihten, Barbaren – oder auch hochstehende Personen der ersten Staaten."[30] Solche oder andere konzeptionellen Gedanken sind von der Leitung des Bochumer Vereins zwar nicht bezeugt, aber die Existenz ähnlicher Alben – wenn auch mit unbelebteren Fotografien – spricht für vergleichbare Intentionen.

Was mit den Alben begann, setzte sich später mit Druckschriften fort. Mit Lieferverzeichnissen und Produktkatalogen, in denen auch Fotografien abgedruckt wurden, wendete sich das Unternehmen direkt an seine Kunden. Schon 1878/80 verarbeitete der Münchener Foto-

8| Fotografie in der Fotografie: Präsentation des Bochumer Vereins auf der Düsseldorfer Industrie- und Gewerbeausstellung mit Aufnahmen aus dem Wohn- und Kosthaus Stahlhausen (Ausschnitt), 1902

graf und Drucker Johann Baptist Obernetter eine Zeichnung und 22 Fotografien, meist von Edmund Risse, per Lichtdruck zu einer Broschüre,[31] die sich offenbar, da mehrsprachig, im In- und Ausland an Kunden des Bochumer Vereins und eine breitere Öffentlichkeit richtete. Eine deutschsprachige Imagebroschüre mit Fotografien gab die Firma 1896 heraus, und 1925 entwarf der innovative Grafiker Max Burchartz moderne Werbeblätter für das Unternehmen, die Ausschnitte aus Werksfotografien als Rohmaterial für Collagen nutzten.[32]

Fotografie war damals längst zu einem Alltagsphänomen geworden. Ein Besucher der Wiener Weltausstellung berichtete schon 1873 über die „Massenhaftigkeit der photographischen Abbildungen". Kein „größeres industrielles Etablissement" habe seine Präsentation nicht durch Fotografien ergänzt.[33] Noch auf der Düsseldorfer Industrie- und Gewerbeausstellung 1902 oder der GESOLEI 1926[34] zeigte der Bochumer Verein gezielt Fotografien seiner Sozialeinrichtungen (s. Abb. 8). Die Ausstellungsstände selbst wurden anschließend fotografiert, und auch diese Aufnahmen dienten dazu, für das Unternehmen zu werben (s. Abb. 2 und 3 | S. 231).[35] Ferner stellte der Bochumer Verein Fotografien für fremde Publikationen zur Verfügung, um in der Öffentlichkeit präsent zu sein, etwa für Postkarten (s. Abb. 4 | S. 13) oder Zeitschriften, auch für das Bochumer Adressbuch.[36]

All das zählte zur externen Kommunikation. Von Bedeutung war Fotografie aber auch in der internen Kommunikation. An die Alben für den Verwaltungsratsvorsitzenden Heimann sei erinnert. Nützlich waren Bilder auch im Tagesgeschäft. Im Jahr 1889 legte Generaldirektor Baare dem Verwaltungsrat Aufnahmen des neu erworbenen Werks in Spanien vor (s. Abb. 10 | S. 198), um anschaulicher zu informieren als mit bloßen Worten und zu demonstrieren, wie gut die Geschäfte angeblich dort liefen. Damit erzielte Baare große Aufmerksamkeit unter den Aufsichtsräten, wie das Sitzungsprotokoll hervorhob.[37]

Mit Einführung der Werkszeitung „Hütte und Schacht" im Spätjahr 1924 verstärkte sich die interne Nachfrage nach Fotografien sichtbar, enthielt das Blatt doch von der ersten Nummer an auch Abbildungen, wenn auch in mäßiger Druckqualität. Die Fotografien waren dabei erstens ein Mittel zur Unterhaltung der Beschäftigten, zweitens zur sozialen Integration und drittens zur Information und Aufklärung, zum Beispiel über Arbeitsschutzmaßnahmen. Die Bilder stifteten Identität: Arbeiter und Angestellte fühlten ihre Leistungen gewürdigt, wenn sie oder Kollegen bei der Tätigkeit fotografiert wurden. Sie waren genauso stolz wie die Direktoren, die sich in ihrem Streben nach Innovation und Wettbewerbsfähigkeit bestärkt sahen. Alle gewannen Vertrauen in die eigene Firma, suggerierte doch die Fotografie höchste Perfektion der Arbeitsabläufe und einen permanenten Aufbruch zu Besserem. Mehr noch: Die Bilder schufen und stärkten Loyalität.

Neben der Kommunikation erfüllt Fotografie aber noch einen weiteren Zweck. Besonders in betrieblicher Forschung und Materialprüfung nutzte die Firma die Fotografie zur Dokumentation, als Gedächtnisstütze und als Arbeitsmittel, ja auch als Beweismittel, wenn Kunden die Qualität von Produkten monierten. Zu denken ist an Fotos von Schlagproben, Metallschliffen usw. Mit Detail- bzw. Mikroaufnahmen machte die Fotografie wie eine Sonde Verborgenes sichtbar. Heute, losgelöst von ihrem zeitbedingten direkten Zweck, rückt gerade bei diesen Fotografien die Ästhetik in den Vordergrund, wirken sie doch manchmal regelrecht abstrakt. Andere Spielarten der wissenschaftlichen Fotografie[38] kommen in der Überlieferung des Bochumer Vereins kaum vor. Dokumentarisch erfasst wurden jedoch auch Großprodukte wie die zahlreichen Eisenbahnwaggons des Unternehmens (s. Abb. 7–10 | S. 176 und 177).

Kurz zusammengefasst: Die Fotografien des Bochumer Vereins wendeten sich an unterschiedliche Adressaten, das heißt an Mitarbeiter, betriebliche Gremien, Kunden, Techniker und die allgemeine Öffentlichkeit. Oft war die Richtung diffus, positiver ausgedrückt: Die Fotografien waren multifunktional und anders als bei General Electric[39] eher selten spezifisch auf bestimmte Zielgruppen zugeschnitten.

THEMEN UND AUSSAGEN

Fragt man nach der „Semantik“ der Fotografien, also ihren Themen und Bedeutungen, fällt zunächst auf, dass sich die Schwerpunkte der fotografischen Sujets beim Bochumer Verein bis 1926 kaum veränderten. „Bildwürdig“ waren hauptsächlich Innenaufnahmen von Werkshallen, Außenaufnahmen von Gebäuden sowie Fotografien von Maschinen und Produkten, mal mit, mal ohne Beschäftigte. In zweiter Reihe standen Fotografien der betrieblichen Sozialeinrichtungen. Alles andere interessierte die Fotografen bzw. deren Auftraggeber nur sporadisch. Das Themenspektrum wirkt konventionell und entspricht großteils dem, was auch andere Unternehmen ablichten ließen. Manches ist spärlich, manches auch gar nicht dokumentiert, wobei ein Rest an Unklarheit bleibt, ob es die betreffenden Fotografien nie gegeben hat oder ob sie verloren gegangen sind. Jedenfalls fehlen zum Beispiel Fotografien von der 50-Jahr-Feier des Bochumer Vereins 1904, vom Besuch des Kaisers auf dem Düsseldorfer Ausstellungsstand 1902, überhaupt von Besuchern im Werk (unter denen sich auch Persönlichkeiten wie Gerhart Hauptmann befanden), von einigen Tochtergesellschaften, von Gremiensitzungen und betrieblichen Veranstaltungen, vom Büroalltag, vom privaten oder gesellschaftlichen Leben der Beschäftigten, von der Besetzung des Ruhrgebiets, von Streiks oder Demonstrationen auf dem Werksgelände. Bis auf wenige Einzelfälle sind auch keine Gruppenaufnahmen der Belegschaft bekannt. Sieht man von Größenvergleichen mit Maschinen oder Produkten ab, trat der Mensch auf den Fotografien eher zurück. Beschäftigte erschienen überwiegend klein. Selbst wo man denkt, es gehe um ein Porträt, geht es in Wirklichkeit um den Arbeitsvorgang oder die Maschine, die der Mann bedient: Auf sie ist die Schärfe gerichtet, das Gesicht dagegen bleibt leicht unscharf (s. Abb. 32 | S. 71). Der Fotograf rückte Maschinen statt Menschen in den Vordergrund; Produktionsmittel statt Produktionsverhältnisse.

9| Marktplatz in Haslach im Kinzigtal, 19.6.1923

Nur wenige Aufnahmen zeigen lokale Bochumer Szenerien außerhalb des Werksgeländes, etwa das Maiabendfest 1926. Einen Besuch bei der Tochtergesellschaft in Haslach nutzten die Werksfotografen immerhin, um prägnante Schwarzwaldhäuser sowie Szenen in der Altstadt[40] aufzunehmen (s. Abb. 9). Andere Fotos haben gar keinen erkennbaren Bezug zum Bochumer Verein. Wie sie in die Sammlung gekommen sind, bleibt Spekulation: als Geschenk, als Informationsquelle, zur Dokumentation oder aus Zufall? So finden sich ein Foto der Rangierlokomotive der Zeche Prosper, vermutlich in der zweiten Hälfte der 1870er-Jahre,[41] frühe Aufnahmen aus der Region des „Erzbergs" in Kärnten um 1870/75[42] oder der Drahtseilanlage zum Transport der Eisenerze für die Königin-Marien-Hütte in Cainsdorf bei Zwickau[43].

Was verraten die Fotografien darüber hinaus über die Frage der „Semantik"? Die Zielsetzungen waren nicht überraschend. Was die Direktion des Industriekonglomerats Ansaldo in Italien 1917 von seiner Werksfotografie forderte, das lässt sich auf die Bochumer Verhältnisse übertragen: „Ich wünsche, daß die Auswahl der Photographien unter Berücksichtigung des ihnen auferlegten Zieles erfolgt: Es ist notwendig, daß unsere Gesellschaft würdig dargestellt und der wertvolle Beitrag, den sie durch die Größe und durch die Leistungsfähigkeit ihrer Einrichtungen für das Land leistet, aufgezeigt wird."[44] Auch der Bochumer Verein wollte via Bild immer als großer, diversifizierter, geordneter Konzern erscheinen; innovativ und technisch leistungsfähig; den Raum und die Umwelt beherrschend, sozial verantwortungsvoll, als ein Unternehmen, das von starken und ehrlichen Männern geführt und in dem Gemeinschaft gelebt wird. Oft lassen sich die Werksfotografen von den Dimensionen ihrer Motive überwältigen. Sie feiern den Kult des Stahls; sie erliegen dem Rausch des Gigantischen und der Magie des Massenhaften. Ausgeblendet bleiben alle Konflikt- und Unglücksfälle im Unternehmen, alle Bereiche, in denen Beschäftigte opponieren oder ihren „Eigen-Sinn" (Alf Lüdtke) ausleben, alle Ereignisse, in denen Regelwerke außer Kraft gesetzt und unterlaufen werden. Da diese Lücken cum grano salis auch für die Werksfotografie anderer Unternehmen bestehen, kann man davon ausgehen, dass es sich nicht nur um Lücken der Überlieferung handelt. Insofern transportiert Werksfotografie mal offen, mal unterschwellig Ideologie bzw. konstruiert Realität – aber wer genau hinschaut, findet Anhaltspunkte dafür, dass es noch eine andere Realität gab, sichtbar durch abgerissene Kleidung, mangelhaften Arbeitsschutz, verhärmte Gesichter, scharfe Hierarchien, körperliche Anstrengung. Dies transportieren die Bilder oft unbeabsichtigt.

ÄSTHETIKEN

Es bleiben noch Antworten auf die Frage nach der „Syntaktik" offen. Im hier betrachteten Zeitraum entwickelte sich die Bildsprache der Fotografien des Bochumer Vereins kaum weiter. Über die Jahrzehnte hinweg sind fünf ästhetische Grundmuster erkennbar: die Totale, die Erzählung, das Detail, die Multiplikation und der Kontrast. Dabei handelt es sich um konventionelle, verbreitete Herangehensweisen der Industriefotografie jener Jahre, weit über Bochum hinaus.[45] Gemeint sind Idealtypen, die der Fotograf in der Realität variierte und kombinierte. Anders formuliert: Nur selten entsprechen die heute überlieferten Fotografien komplett einem der Idealtypen.

Die Totale

Sie ist sozusagen das Grundmuster der Grundmuster und sie macht die große Masse der Überlieferung aus (s. Abb. 10–13). Die Fotografien dieses Typs richten sich an einer mittleren Bildachse aus. Das Gestaltungsprinzip heißt Zentralität. Der Bildaufbau ist klar, sachlich und streng, oft symmetrisch. Fotografiert wird frontal in Augenhöhe und aus der Bauchnabelperspektive, seltener von erhöhtem Standort, z. B. von Wasser- oder Fördertürmen. Der Fotograf will immer „alles" zeigen: die Architektur der Werkshalle, die Rohmaterialien, die Maschinen, das fertige Produkt. Der Totalen wohnt eine Tendenz zur Monumentalisierung inne. Weitwinkel verstärken den Eindruck, als seien Werkshallen höchst imposant. Die Aufnahmen wirken zwar auf den ersten Blick harmonisch, doch zugleich mechanisch und distanziert; sie bleiben akzentlos, weil eine verwirrende Fülle von Details dominiert. In zweierlei Hinsicht sind sie unpersönlich: Menschen kommen auf ihnen nicht oder nur winzigklein vor, und der Fotograf verzichtet auf eine individuelle Bildsprache. Er versucht stattdessen, technische Herausforderungen zu meistern, etwa in Bezug auf Belichtung und Perspektive.

Die Erzählung

Während die Totale nur einen Zeitpunkt abbildet, versucht die Erzählung einen Zeitraum zu visualisieren (s. Abb. 14–15). Indem Beschäftigte mit Produktionsmitteln und Produkten arrangiert werden, indem also ein Handlungsmoment festgehalten wird, soll in den Köpfen des Betrachters eine Geschichte ablaufen. Deshalb werden Handgriffe und Bewegungen simuliert. Angestellte erklären technische Zeichnungen, ein Mann fegt Abfälle zusammen, Arbeiter hantieren mit Werkstücken. Die Fotografien bekommen Leben durch Inszenierung. Der Betrachter muss sich allerdings auf die Motive einlassen, und ist eingeladen zur Vertiefung, was Schwierigkeiten aufwirft, weil das „Lesen" dieser Bilder Vorwissen voraussetzt – und weil die einzelnen Elemente der Erzählung klein, manchmal winzig abgebildet sind.

Der Kontrast

Erheblich leichter fassbar, unmittelbar verständlich ist dagegen der Kontrast (s. Abb. 16–18). Der Fotograf setzt auf spannungsreiche Gegensätze und verlässt die Ebene des Alltäglichen. Der Arbeiter wird in „unmögliche" Positionen an eine Maschine oder auf ein Produkt gestellt. Teils erscheint der Kontrast ins Witzige, vielleicht Ironische gesteigert: Ein Pferd weidet vor Gasometern, Wäsche flattert auf der Leine vor dem Stahlwerk, Bauernhäuser aus

Fachwerk stehen vor der Kulisse der Werkshallen. Solche Kontraste zwischen Tradition und Moderne verblüffen und nehmen den Betrachter dadurch gefangen. Sie wecken ad hoc Aufmerksamkeit, verklären aber zugleich Schwerstarbeit, indem sie die Verhältnisse – jedenfalls aus heutigem Verständnis – im Heiteren auflösen. Inwieweit der Fotograf diesen Prozess augenzwinkernd, aber bewusst steuerte oder ob er die Gegensatzpaare nur zufällig einfing, lässt sich mangels ausreichender Quellen nicht beantworten.

Die Multiplikation

In ihren Wirkungsmechanismen ähnelt die Multiplikation dem Kontrast. Auch sie soll überraschen. Produkte oder seltener auch Maschinen, die einzeln für sich keine besondere Wirkung entfalten, werden in Szene gesetzt, indem sie multipliziert, das heißt aneinander gereiht oder aufeinander gestapelt werden (s. Abb. 19–22). Überhöhung durch Masse. Die kunstvollen Arrangements demonstrieren zugleich den hohen Ausstoß der Firma, ihren Charakter als Massenproduzent. Gelingen kann die Multiplikation am besten bei relativ kleinen Produkten, die tatsächlich auch in Serie hergestellt werden, beispielsweise Rädern oder Federn. Hinter den Aufnahmen steht ein teils enormer Aufwand. Eine Pyramide aus Radsätzen wirkt äußerst fragil, aber gerade dadurch eindrucksvoll.

Das Detail

Zieht man Vergleiche zur Malerei, dann entspricht die Totale dem Landschaftsbild, während das Detail dem Stillleben ähnelt. Der Fotograf geht nah ans Motiv heran, interessiert sich für die Funktionsweise einer Maschine oder die Technik eines Arbeitsvorgangs, für die Struktur und Form eines Produkts, für das Ergebnis von Materialuntersuchungen. Dies alles bildet er in voller Plastizität ab (s. Abb. 23–25). Auch Porträts fallen unter diesen Typus. Der Fotograf betreibt Morphologie. Die Spannweite der Fotografien, die diesem Idealtyp nahekommen, ist groß. Manche Aufnahmen reichen ans Abstrakte heran, und hier werden Einflüsse der künstlerischen Fotografie der zwanziger Jahre spürbar, etwa der Neuen Sachlichkeit eines Albert Renger-Patzsch. Wenn man die (Kunst-)Fotografie dieser Zeit mit „Dynamisierung der Komposition, Entfesselung der Perspektive und Erschließung neuer Themenbereiche“ in Verbindung bringt, dann findet dies „in der Industriefotografie des Ruhrgebiets nicht statt“.[46] Im Grundsatz trifft dieses Urteil von Reinhard Matz zwar zu, aber gerade das Bochumer Beispiel zeigt doch auch Tendenzen dagegen.

ANMERKUNGEN

1 Bertolt Brecht: Über Film 1922 bis 1933, in: ders.: Gesammelte Werke, Bd. 18, Frankfurt am Main 1976, S. 135–216, hier S. 161.

2 Beispielsweise Schneider (Hg.): Schwarzweiß. Ulrike Laufer, Hans Ottomeyer (Hg.): Gründerzeit 1848–1871. Industrie & Lebensträume zwischen Vormärz und Kaiserreich, Dresden 2008, S. 198–199 (falsche Datierungen); Robeck: Kisch. Geschichtspfad im sog. „Westpark“: http://www.jahrhunderthalle-bochum.de/de/besucher/historie/infotafeln-westpark (29.4.2016). Ein Überblicksband zur Fotografie in der Region bezieht die Industriefotografie nur ganz am Rand und den Bochumer Verein gar nicht ein: Volker Jakob (Hg.): Lichtbilder auf Papier. Fotografie in Westfalen 1860–1960, Münster 1999.

3 Exemplarisch zu einem solchen Vorgehen Jürgen Hannig: Die „letzte Schicht des Hammers Fritz“. Die Deutungen von Fotografien zur Industriegeschichte, in: Paul (Hg.): Jahrhundert, S. 116–123.

4 Jetzt als Bestand F 45 im Historischen Archiv Krupp geführt. Für spätere Zeit auch Kleinbildnegative und Kontaktabzüge überliefert.

5 Jetzt als Bestand F 8 im Historischen Archiv Krupp geführt.

6 Nachruf auf Ernst Topp, in: Hüttenzeitung, Nr. 20, Okt. 1932, S. 11.

7 Unter anderem gibt es eine Lücke zwischen F 45/571 und F 45/777.

8 Zur zeitlichen Einordnung siehe auch Fellner-Feldhaus: Werksfotografie, S. 91–93.

9 S. Abb. 9 | S. 130 und 19 | S. 136, Stahl und Eisen 55 (1935), S. 1285 und S. 1335.

10 Unter den Monographien und Sammelbänden besonders Nye: Image Worlds; Matz: Industriefotografie; Tenfelde (Hg.): Bilder von Krupp. Knappe Zusammenfassung zur Industriefotografie bei Jäger: Fotografie, S. 113–120.

11 Diese Unterscheidung, der hier gefolgt wird, hat wohl erstmals Stephan Sensen auf die Analyse von Industriefotografie übertragen, siehe Sensen: Fotografie, S. 2.

12 Ende des 19. Jahrhunderts war Risse einer von sechs Berufsfotografen in Bochum, siehe Clemens Kreuzer: Kulturstadt Bochum vor hundert Jahren, in: Bochumer Zeitpunkte, Heft 6/2000 (hier nach www.bochum.de, 28.8.2015).

13 Einzelne Aufnahmen sind auch überliefert von den Hoffotografen F. Albert Schwartz (Berlin) und Theodor Jakob Schuhmann (Karlsruhe), doch dabei ist unklar, ob diese Bilder überhaupt im Auftrag des Unternehmens entstanden.

14 Zu Günther, auch zu F. Albert Schwartz, siehe Zeppenfeld: Werksfotografie, S. 223; zu Risse frdl. Auskunft thyssenkrupp Konzernarchiv, 14.9.2016.

15 Siehe Nye: Image Worlds, S. 33. Die Gutehoffnungshütte stellte 1888 einen Werksfotografen ein, so Zeppenfeld: Werksfotografie, S. 223.

16 Geb. 10.6.1860 Wolfach, Kreis Offenburg, gest. 24.12.1942 Bochum, nach freundlicher Auskunft Stadtarchiv Bochum, 17.5.2016. Im Bochumer Adressbuch von 1882 steht er als „Bureaudiener", 1892 als „Bureauarbeiter". Zu Mauch s. Fellner-Feldhaus: Werksfotografie, S. 98–99. Ein „M" auf den Karteikarten mit Abzügen der Fotografien dürfte als Mauch zu lesen sein.

17 Geb. 17.2.1881 Iserlohn, gest. 5.10.1932 Bochum, nach freundlicher Auskunft Stadtarchiv Bochum, 17.6.2014. Nachruf in Hüttenzeitung, Nr. 20, Okt. 1932, S. 11. Ein „T" auf den Karteikarten mit Abzügen der Fotografien dürfte als Topp zu lesen sein.

18 Siehe Jäger: Fotografie, passim; Kemp: Geschichte, S. 29–69; Baatz: Geschichte, S. 74–80 und S. 88–111.

19 Ablesbar am Zeiger der Uhr, die auf zwei aufeinander folgenden Aufnahmen der Turbinenzentrale zu sehen ist: F 45/2060 und F 45/2061 (s. Abb. 8 und 9 | S. 207).

20 Siehe F 45/1295 u. F 45/1296 im Unterschied zu F 45/1331 u. F 45/1332 (s. Abb. 22 u. 23 | S. 138 u. 139).

21 Zur Gutehoffnungshütte siehe Zeppenfeld: Werksfotografie, S. 228, zu Hoesch Ellerbrock (Red.): Profile.

22 Siehe z. B. F 45/203 bis F 45/207 oder F 45/254, F 45/273, F 45/275 und F 45/276.

23 Ähnliche Reaktionen sind für die Firma Ansaldo überliefert, s. Dewerpe: Spiegelbilder, S. 30–31.

24 Siehe Baatz: Geschichte, S. 112–113.

25 Kurt Ksinsik: Hüttenzeitung und Lichtbild, in: Hüttenzeitung, Nr. 24, Dez. 1933, S. 7.

26 Siehe z. B. F 45/210, F 45/214 oder F 45/1401.

27 Siehe z. B. F 45/1278 oder F 45/2025.

28 Alben für Heimann von 1879 (mit Fotografien von Edmund Risse) und 1884 (mit Fotografien von Anselm Schmitz): F 8/3 und F 8/1. Das Album für das Kaiserhaus befindet sich heute in der Österreichischen Nationalbibliothek; ein weiteres Album aus der Zeit nach 1873 liegt im Technischen Museum in Wien, s. Fellner-Feldhaus: Werksfotografie, S. 96.

29 S. Märkischer Sprecher vom 10.2.1858: Historisches Archiv Krupp (im Folgenden: HAK), WA 80/4264.

30 Alfred Krupp an die Firma Krupp, 23.5.1878: HAK, FAH 2 M 78.17 (Alfred Krupps Briefe und Niederschriften 1826–1887, Bd. 17, S. 99–100).

31 HAK, S 2, BV 1/11.

32 Broschüre: HAK, S 2, BV 1/6; Werbeblätter Burchartz mit Firma Werbe-Bau: HAK, S 3, Vpr 37/4.

33 Zit. n. Fellner-Feldhaus: Werksfotografie, S. 96.

34 Siehe den Druck „Bochumer Verein: Ausstellung Düsseldorf 1902" (HAK, S 2, BV 12/2) sowie: Unser Werk auf der Gesolei, in: Hütte und Schacht, Nr. 18, Sept. 1926, S. 4.

35 Siehe etwa eine Aufnahme des Ausstellungsstandes auf der Wiener Weltausstellung von 1873, abgedruckt in der erwähnten Broschüre von Obernetter (wie Anm. 31) unter der Bezeichnung „Diverse Fabrikate".

36 Siehe z. B. die Zeitschrift „Die Industrie" vom 14.10.1891, den Sammelband „Die industriellen Werke Deutschlands", 1900 oder die Monographie von Koepper: In Schacht und Hütte, 1912. Bochumer Adressbuch von 1924/25, S. 19, diverse Artikel in der Fachzeitschrift „Stahl und Eisen".

37 Verhandlungen der General-Versammlung des Bochumer Vereins, 28.2.1899: HAK, WA 80/675.

38 S. jetzt Christin Müller (Hg.): CrossOver. Fotografie der Wissenschaft, Wissenschaft der Fotografie, Winterthur/Leipzig 2013.

39 Nye: Image Worlds, analysiert als Adressaten v.a. Ingenieure, Arbeiter, Manager, Konsumenten und Wähler.

40 F 45/56–1021 bis 56–1047.

41 F 45/802.

42 F 45/2001 bis F 45/2004. Sie konnten im Rahmen dieses Projektes erstmals richtig zugeordnet werden und waren bislang fälschlich als „Quarzitgrube" verzeichnet.

43 F 45/282.

44 Zit. n. Dewerpe: Spiegelbilder, S. 37.

45 S. dazu etwa die Abbildungen bei Dahm-Zeppenfeld: Feuerarbeit, Dewerpe: Spiegelbilder, Farrenkopf: Mythos Kohle, Kugler (Hg.): AEG, Matz: Industriefotografie, Tenfelde (Hg.): Bilder von Krupp.

46 Matz: Industriefotografie, S. 35.

10| Gießhalle, um 1900

11| „Eisenkonstruktion der Walzhallen“ im Werk Höntrop, 9.8.1923

12| Zeche Carolinenglück, mit Lagerplatz für Grubenholz (rechts), April 1925

13| Kühltürme an der Hochofenanlage (vor den Hochöfen rechts die Spitzen der Cowper-Winderhitzer), 1922

14| Verladen einer Koepe-Scheibe (7 m Durchmesser, 25.000 kg Gewicht) auf einem Eisenbahnwaggon, um 1910

15| Mechanische Werkstatt mit Arbeitern und Angestellten, die technische Papiere studieren, um 1910

16| Arbeiter auf Scherenständer aus Stahlguss für die Maschinenfabrik Sack, Gewicht 24.000 kg, 24.3.1923

17| „Hochofen- und Koksgasbehälter“ mit Pferd sowie Schatten des Fotografen und seiner Kamera, 14.1.1925

18| Arbeiter vor der Großen Glocke für die Georgenkirche in Berlin (Stahlguss, 9.505 kg), 1897

19| „Stahlfaçongussstücke“, um 1885

20| „Wagen- u. Tenderradsätze“, um 1910

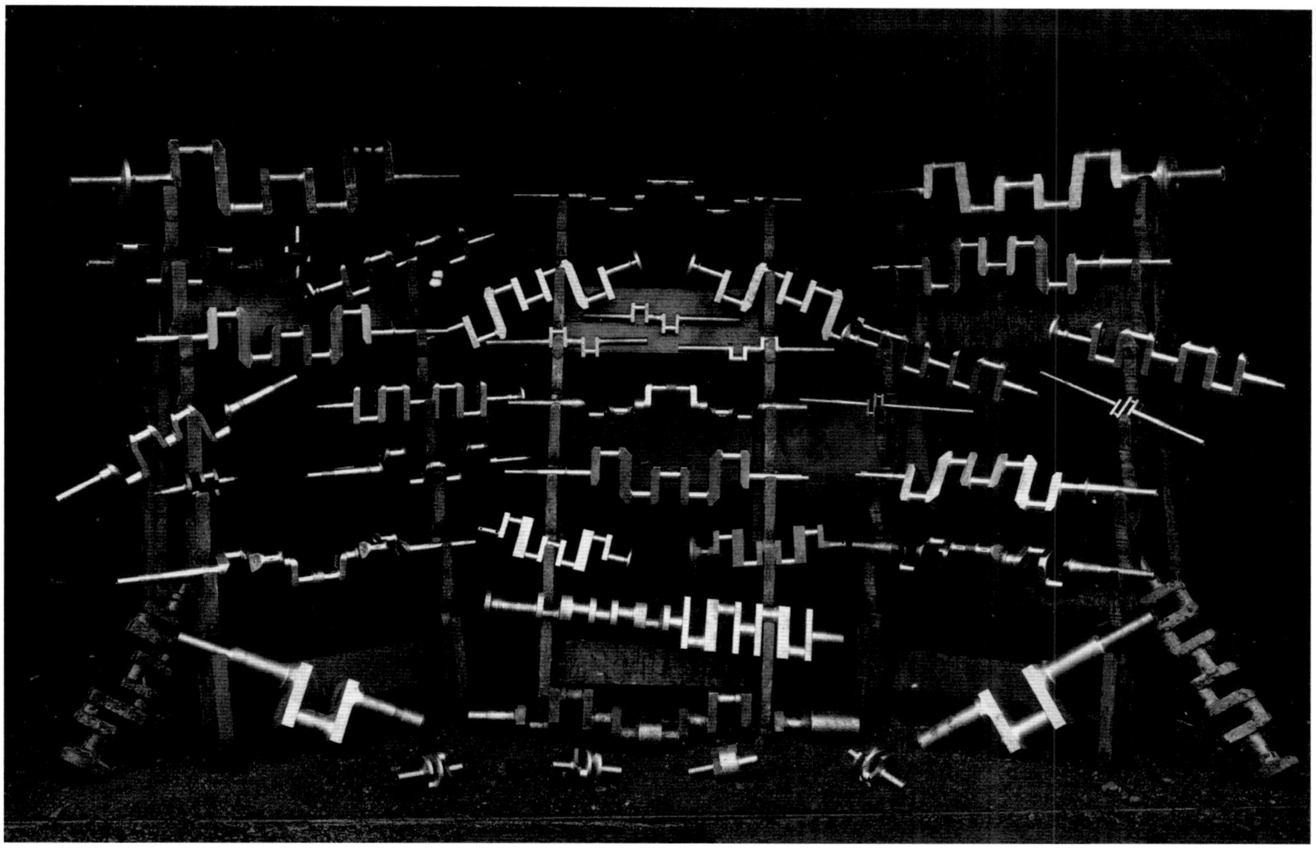

21| Kurbelwellen im Werk Haslach, 19.6.1923

22| „Kaltwalzen von 50 mm Ballen Ø bis 550 [mm] Ø“, 9.7.1925

23| Hochofengerüst, 16.1.1925

24| Trommelbremse eines Automobils, 11.5.1926

25| „Spiral-Feder-Wickelmaschine“, 1926

DER MENSCH IM FOKUS

VOM TAGELÖHNER BIS ZUM GENERALDIREKTOR: DIE BESCHÄFTIGTEN

In drei Schichten arbeiten die Leute am Hochofen, der jahraus, jahrein, Tag und Nacht nicht erlöschen darf, und an jedem dritten Sonntag haben sie sechzehn Stunden Dienst. Vom vierzehnten Lebensjahre an bis zum Tode, der vielleicht schon kommt, während sich andere noch mit dem Studium ‚abplagen' […]".[1] So wirkte die Arbeitswelt beim Bochumer Verein zu Beginn der 1920er-Jahre auf den „rasenden Reporter" Egon Erwin Kisch. Der Publizist staunte über die Härte der Arbeit und den Gleichmut, mit dem die Beschäftigten die Herausforderungen meisterten. Zumindest bis zum Ersten Weltkrieg waren zwölfstündige Schichten an sechs Tagen in der Woche die Regel. Gesundheitsgefahren lauerten überall, und Arbeitsunfälle gehörten zum Alltag.

Dennoch war die Arbeitswirklichkeit vielschichtiger als Kisch sie mit seinem Blick auf die Hochofenmänner beschrieb. Ganz unterschiedliche Aufgaben lagen an, für die unterschiedliche Qualifikationen erforderlich waren und unterschiedliche Löhne bezahlt wurden. Das ergab eine fein gestufte Hierarchie: Tagelöhner und Handlanger standen am unteren Ende, darüber ungelernte Arbeiter, dann qualifizierte Facharbeiter und Handwerker, einfache Angestellte, schließlich Meister, Techniker und Ingenieure und am Ende die Direktoren bis hin zum Generaldirektor.

Anfangs, 1845, beschäftigte der Bochumer Verein lediglich 50 Leute, steigerte die Zahl aber innerhalb von nur zwei Jahren auf 300. Ein massiver Zuwachs erfolgte dann erst wieder in den 1860er-Jahren. 1869 übersprang die Belegschaftszahl die Marke von 2.000, 1873 erreichte sie bereits fast 5.000. Mit der anschließenden „Gründerkrise" geriet die Expansion jedoch ins Stocken, und erst Ende der 1880er-Jahre wuchs der „Bochumer Verein" wieder rasant. Zur Jahrhundertwende arbeiteten erstmals mehr als 10.000 Menschen in der Firma, davon etwa ein Drittel in den Kohlezechen. Am Vorabend des Ersten Weltkrieges waren es dann rund 16.000, und als der Bochumer Verein 1926 in den Vereinigten Stahlwerken aufging circa 17.000.[2]

Der langfristige Trend zeigte also deutlich nach oben, doch während des gesamten Zeitraums schwankte die Zahl der Beschäftigten erheblich. Massenentlassungen und -einstellungen waren an der Tagesordnung. Weitaus mehr Kontinuität kennzeichnete die Unternehmensspitze: Einer Dynastie gleich regierten Mitglieder der Familie Baare über mehr als sechs Jahrzehnte hinweg als Generaldirektoren – ganz ungewöhnlich für eine Aktiengesellschaft und eher vergleichbar mit einem Familienunternehmen. Louis Baare[3] amtierte von 1855 bis 1895. Ihm folgte bis 1917 sein Sohn Fritz.[4] Dessen Bruder Wilhelm (Willy)[5] war von 1917 bis 1921 Vorsitzender des Direktoriums, dem außerdem Felix Scharf[6] (1917–1919) und Walter Borbet[7] (1919–1921) angehörten. Letzterer, ab 1921 Vorsitzender, entwickelte sich schnell zum neuen „starken Mann" im Unternehmen.

➤ Abb. 12–14

Abb. 1 Nur wenige andere Führungspersonen erlangten überregionale Bekanntheit, vor allem natürlich der Mitgründer des Unternehmens und spätere technische Direktor, Jacob Mayer,[8] der den Bochumer Verein bis zu seinem Tod 1875, also mehr als 30 Jahre, prägte, allerdings seit Gründung der Aktiengesellschaft dem Generaldirektor untergeordnet blieb. Alle anderen Manager blieben nach außen eher farblos und spielten auch in der unternehmensinternen Geschichtsschreibung keine Rolle. Für die allermeisten sind nicht einmal Lebensdaten oder Beschäftigungszeiten bekannt. Zu nennen wäre noch der technische Direktor Otto Helmholtz,[9] der auch im Vorstand des Vereins Deutscher Eisenhüttenleute aktiv war. (Abb. 6)

Im Binnenverhältnis zur Belegschaft schuf die Unternehmensspitze mit Arbeitsordnungen bzw. „Reglements" einen Ordnungsrahmen. Die Beschäftigten sollten diszipliniert und produktiv arbeiten, ihre Leistungskraft ganz in den Dienst des Unternehmens stellen und sich von politischen oder gewerkschaftlichen Aktivitäten fernhalten. Mit anderen Worten: Sie sollten die überkommenen Macht- und Herrschaftsverhältnisse weder in der Gesellschaft noch im Betrieb in Frage stellen. Allerdings bestand das System nicht allein aus Druck und Zwang, sondern auch aus Lockung und Anreiz, zum Beispiel durch auskömmliche Löhne oder soziale Zusatzleistungen. Nur mit dem Versprechen auf ein besseres Leben konnte der Bochumer Verein überhaupt seinen immensen Arbeitskräftebedarf befriedigen, will sagen: Männer anwerben, und zwar zunächst vor allem aus dem ländlichen Umfeld in Rheinland und Westfalen, später auch aus den preußischen Ostprovinzen, darunter viele Masuren und Polen. Die Angeworbenen mussten sich in den für sie neuen industriellen Produktionsablauf einfügen. Aber schon die Tatsache, dass ständig auf die Einhaltung der Arbeitsordnungen hingewiesen und dass die Instruktionen wieder und wieder erneuert werden mussten, verweist auf den Eigen-Sinn der Beschäftigten, auf ihr Geschick, Schlupflöcher im System zu finden. Oder sie verließen den Betrieb. Industriearbeiter jener Zeit waren hoch mobil, und gerade der Bochumer Verein gehörte zu den Werken „mit einer vergleichsweise hohen Arbeiterfluktuation".[10]

Sie betraf allerdings nicht alle Gruppen innerhalb der Belegschaft. Von ausschlaggebender Bedeutung für Wachstum und Erfolg des Bochumer Vereins war, dass er talentierte Ingenieure gewann und einen Kern qualifizierter Stammarbeiter an sich binden konnte. Unter den Stammarbeitern bildete sich ein Wir-Gefühl heraus. Speziell an sie richteten sich Anreize wie Werkswohnungen, nachhaltige Lehrlingsausbildung oder Unterstützungskassen. Die Stammarbeiterpolitik des Bochumer Vereins manifestierte sich in symbolischen Veranstaltungen wie den Jubilarfeiern, die seit 1894 für Beschäftigte mit mindestens 25-jähriger Dienstzeit stattfanden. Der Bochumer Verein war das erste Unternehmen im Ruhrgebiet überhaupt, das solche Feiern veranstaltete.[11] Der Stammarbeiter genoss Prestige, nach innen wie nach außen. (Abb. 30, 31) Und dem Stamm qualifizierter Facharbeiter, der sich mit dem Unternehmen verbunden fühlte, war es auch zu danken, dass es im Bochumer Verein mit Ausnahme der Zechen lange Zeit keine größeren Streiks gab. Die über Jahrzehnte recht erfolgreiche patriarchalische Integrationsstrategie der Unternehmensleitung stieß erst mit den veränderten politischen und gesellschaftlichen Verhältnissen im Ersten Weltkrieg und der Weimarer Republik an ihre Grenzen. Jetzt griffen die Beschäftigten wiederholt zu Streiks, um ihre Interessen durchzusetzen, und jetzt hatten sie die Möglichkeit, über Betriebsräte einen gewissen Einfluss auf die Geschäftspolitik zu nehmen.

FOTOGRAFIEN DER BESCHÄFTIGTEN

Von den innerbetrieblichen Herrschaftsverhältnissen, von Auseinandersetzungen, Reglementierung und „Eigen-Sinn" verraten die Fotografien des Bochumer Vereins praktisch nichts. Keine Aufnahme will das Selbstverständnis der Beschäftigten ergründen. Die allermeisten

Aspekte des betrieblichen Alltags spielten keine Rolle: Pausen, Markenkontrolle, Schichtwechsel oder Lohnauszahlung,[12] Kommunikation am Arbeitsplatz, ganz zu schweigen von Protesten, Ausständen und Streiks.

Vorwiegend waren es die Stammarbeiter, die auf Fotografien aus den Betrieben in Erscheinung traten, also jene Männer mittleren Alters, die für Qualifikation, Effizienz und auch Zufriedenheit stehen sollten. Die Fotografie spiegelte damit die Auffassung der Unternehmensspitze von der industriellen Arbeitswelt: Auf den Bildern steht der Beschäftigte immer im Dienst des Werks bzw. der Produktion; er ist ein funktionierendes Rädchen im Getriebe der Hochöfen, Konverter, Hämmer und Drehbänke. Doch trifft die Schlussfolgerung zu, die Industriefotografie habe den arbeitenden Menschen – mit Ausnahme einiger früher Bilder von Krupp – erst ab etwa 1930 entdeckt?[13]

➤ Abb. 33, 38

Ein Blick auf die Werksfotografie des Bochumer Vereins weckt Zweifel. Zumindest auf einigen Bildern rückt das Individuum in den Mittelpunkt: Ein Techniker prüft präzise die Härte von Walzen; ein Bauarbeiter spritzt Beton an eine Wand. Allerdings liegt dessen Gesicht im Schatten, und die Retusche, die auf der Glasplatte ausgeführt wurde, betraf das Spritzgut, nicht den Arbeiter. Auch wenn sich der Fotograf primär für den Arbeitsvorgang und nicht den Menschen interessiert haben dürfte, so verraten seine Aufnahmen doch manches über individuelle Arbeitserfahrungen und lassen sich heute – auch – als Porträts lesen. Zumindest gewinnt der Arbeiter ein eigenes Profil. Ein solches Profil ist selbst auf jenen Fotografien zu erahnen, auf denen Beschäftigte nur Staffage sind. Uns schauen dabei keine „Helden der Arbeit" an, wie sie von der Industriefotografie im Nationalsozialismus oder im sozialistischen Realismus vertraut sind. Die Gesichter der Arbeiter des Bochumer Vereins zeugen von schwerer körperlicher Tätigkeit. Viele der Männer wirken eher distanziert und verhärmt, ja etwas abgerissen und früh gealtert. Als ‚Models' sind die wenigsten wirklich geeignet. Dennoch versuchen sie, Haltung und Würde zu bewahren.

➤ Abb. 26, 32

Es handelt sich um „Bilder mit Leben", die Alfred Krupp seiner Firma bereits 1878 als Werbemittel empfohlen hatte; Bilder, die „jeden Mann auf seiner Stelle" zeigen.[14] Die problematischen Lichtverhältnisse in den dämmerigen Werkshallen und die langen Belichtungszeiten der damaligen großen Kameras verhinderten jedoch, dass die Fotografen die echte Dynamik der Arbeit und die Individualität der Beschäftigten einfangen konnten. Deshalb stellten Personen meist nur starres Beiwerk dar, beispielsweise wenn sich drei Arbeiter vor ihrem Fallhammer aufreihten. Das Harte und Gefährliche der Industriearbeit vermittelt sich kaum; das Bild bleibt statisch. Um es zu beleben und die eigentlichen Produktionsvorgänge zu veranschaulichen, arrangierte der Fotograf in einem späteren Versuch verschiedene Arbeiter, Vorarbeiter und „Beamte" mit Werkzeugen und dem Rohprodukt am Hammer, neben der Maschine und dahinter. Angestellte und Arbeiter sind in unterschiedlichen Funktionen zu sehen. Die Inszenierung greift die berühmte Komposition von der „letzten Schicht" des Dampfhammers „Fritz" bei Krupp auf,[15] erreicht aber bei weitem nicht deren Kraft und Detailreichtum. Immerhin vermittelt sie eine Ahnung von Betriebshierarchien, von Befehl und Gehorsam.

➤ Abb. 56

➤ Abb. 57

Höchst aufwendig war auch ein anderes Arrangement, für das eigens eine Werkshalle mit einem Vorhang abgeteilt wurde. Danach ließ der Fotograf Schienen verlegen, einen Förderwagen für den Untertagebetrieb im Steinkohlenbergbau daraufsetzen und im Miniaturformat einen Grubenausbau mit Rundbögen nachbauen. In dieses Bühnenbild platzierte er einen Bergmann und einen Steiger in Bergmannstracht. So schuf der Fotograf vermeintlich Authentizität, aber nur, um Produkte des Bochumer Vereins, nämlich die Schienen und den Förderwagen, wirkungsvoll in Szene zu setzen. Die beiden Personen dienten als Blickfang, überlagerten aber die eigentliche Intention des Bildes.

➤ Abb. 40

Weniger Vorbereitung erforderte der fotografische Größenbeweis, bei dem der Beschäftigte den Maßstab für ein Produkt abgab: ein geradezu klassisches Instrument der damaligen Industriefotografie. Mehrfach testete der Werksfotograf des Bochumer Vereins, ob ein Motiv an Kraft gewann, wenn Personen mit abgebildet wurden. Beispielsweise nahm Ernst Topp eine ➤ Abb. 41, 42 Schiffsschraube einmal in nuce auf, ein weiteres Mal zusammen mit einem Arbeiter. Letzteres wurde in der Werkszeitschrift abgedruckt, vermutlich weil es aussagekräftiger wirkte. Dem Werksfotografen erschien es relativ gleichgültig, auf welcher Stufe der innerbetrieblichen Hierarchie ➤ Abb. 34–37 seine „Maßstäbe“ standen. Er probierte Arbeiter ebenso wie Meister oder Angestellte als Modelle aus, weil es ihm offenbar nur auf die Ausstrahlung, die Präsenz im Foto ankam. Der arbeitende Mensch geriet gewissermaßen zum Steinchen im Lego-Kasten des Fotografen. Auf die Spitze getrieben wurden die Größenvergleiche in skurrilen, witzig gemeinten Arrangements: Die Mannschaft der Monteurwerkstatt setzte sich in Dreiecksformation in ➤ Abb. 54 luftiger Höhe auf einen Dachbinder und nahm damit eine Pose ein, die sie in ihrem tatsächlichen Alltag nie eingenommen hätte. Aber das galt als probates Mittel, um Aufmerksamkeit auf das Foto zu lenken und die Leistungsfähigkeit des Teams zu unterstreichen.

Konventionelle Gruppenbilder, wie sie von anderen Industrieunternehmen bekannt sind, sind dagegen beim Bochumer Verein kaum angefertigt worden, und auch nur von wenigen Beschäftigten sind Porträts im engeren Sinne überliefert. Werksfotograf Topp hat zwar regelmäßig die Jubilare aufgenommen,[16] doch erhalten haben sich weder Negative noch Abzüge, sondern nur schlechte Drucke in der Werkszeitschrift. Die heute noch vorhandenen Porträts von Beschäftigten zeigen nicht den Tagelöhner, Stahlarbeiter oder Bergmann, sondern leitende Angestellte. Die Aufnahmen stammen aus professionellen Studios. Häufig sind es gängige ➤ Abb. 3–11 Carte-de-Visite-Formate von etwa 6,3 x 10,5 cm. Höchstwahrscheinlich sind sie, manchmal Jahre später, von der Werksfotografie oder vom Werksarchiv aus dokumentarischen Gründen beschafft worden oder wenn biographische Artikel in der Werkszeitschrift illustriert werden mussten.

Augenscheinlich machte die Werksfotografie auch keinen Versuch, die Baare-Dynastie und ihre Lebenswelt zu dokumentieren, was möglicherweise auch dem Umstand geschuldet ist, dass die Baares „nur“ Angestellte der Firma und nicht ihre Eigentümer waren. Und andersherum: Die Baares selbst ergriffen nach allem, was man bisher weiß, kaum Initiativen, sich, ihre Familie und ihr Zuhause via Fotografie zu inszenieren – ganz anders als es die Familie Krupp wenige Kilometer entfernt tat.[17] Einzige bekannte Ausnahme ist eine Serie mit dreizehn ➤ Abb. 20–22 Innenaufnahmen der (Dienst-)Villa von Fritz Baare. Sie entstanden um 1905, doch über ihren Verwendungszweck ist nichts bekannt. Auch von Jacob Mayer sind lediglich zwei Porträts überliefert. Was an Bildern der Unternehmensgründer und Generaldirektoren heute im Firmenarchiv liegt, scheint dem Zufall geschuldet. Im Großen und Ganzen bleiben die Beschäftigten des Bochumer Vereins, ob einfache Arbeiter oder Führungskräfte, quasi unterbelichtet.

ANMERKUNGEN

1 Zit. n. Robeck: Kisch, S. 44.

2 Zahlen nach Däbritz: Bochumer Verein, Anhang, Tab. 8.

3 Geb. 12.6.1821 Minden, gest. 16.5.1897 Bochum, praktische kaufmännische Ausbildung; siehe Bacmeister: Baare.

4 Geb. 9.5.1855 Bochum, gest. 10.4.1917 Bad Oeynhausen, Studium an technischen Hochschulen; siehe Nachruf in Stahl und Eisen 37 (1917), S. 417–418.

5 Geb. 25.9.1857 Bochum, gest. 2.7.1938 Godesberg, Dr. jur.; siehe Walter Bacmeister (Bearb.): Nekrologe aus dem rheinisch-westfälischen Industriegebiet, Jahrgang 1937, Jahrgang 1938, Essen 1940, S. 4 (Teil 1938).

6 Geb. 5.12.1858 Seegraben bei Leoben, gest. 6.2.1920 Bochum, Studium an technischen Hochschulen und der Bergakademie; siehe Stremmel: Scharf.

7 Geb. 9.9.1881 [Gelsenkirchen-]Schalke, gest. 4.1.1942 Bochum, Studium an technischen Hochschulen und der Bergakademie; siehe Weber: Borbet.

8 Geb. 1.5.1813 Dunningen, gest. 30.7.1875 Bochum; siehe Bertram: Mayer; Stremmel: Mayer.

9 Geb. 27.1.1834 Potsdam, gest. 30.6.1919 Hagen; siehe Nachruf und autobiographische Erinnerungen in Stahl und Eisen 39 (1919), S. 958–960. Helmholtz war im Übrigen ein Bruder des berühmten Physikers Hermann (von) Helmholtz.

10 Rudzinski: Unternehmen, S. 117.

11 Siehe auch das gedruckte namentliche „Verzeichnis der Jubilare“, 1894–1938: Historisches Archiv Krupp (im Folgenden: HAK), S 2, BV 6.10/4. Jubilargeschenke und -gratifikationen gab es bei anderen Unternehmen schon früher. Rudzinski: Unternehmen, S. 159, formuliert, der Bochumer Verein sei „das erste schwerindustrielle Unternehmen im Ruhrgebiet“ gewesen, das Jubilarfeiern durchführte.

12 Anders der AEG-Fotograf, siehe Beispiele bei Kugler (Hg.): AEG, S. 98 (Lohnauszahlung) und S. 100 (Frühstückspause).

13 Matz: Industriefotografie, S. 36. Differenzierter Robeck: Kisch, S. 96–97.

14 Alfred Krupp an die Firma Fried. Krupp, 23.5.1878, Alfred Krupps Briefe und Niederschriften 1826–1887, Bd. 17, S. 100: HAK, FAH 2 M 78.17.

15 Jürgen Hannig: Die „letzte Schicht des Hammers Fritz“. Die Deutungen von Fotografien zur Industriegeschichte, in: Paul (Hg.): Jahrhundert, Bd. 1, S. 116–123.

16 „Alle Jubilarbilder hat er aufgenommen, viele seiner Portraits waren künstlerisch vollendet.“ Ernst Topp †, in: Hüttenzeitung Nr. 20, Okt. 1932, S. 11.

17 Franziska Schmidt: Zwischen Repräsentation und Erinnerung. Die Familie Krupp im Spiegel der Fotografie, in: Krupp. Fotografien, S. 26–41. Ute Kleinmann: Nahaufnahmen. Die Familie Krupp, in: ebd., S. 181–193.

1| Jacob Mayer (1813–1875), um 1865

2| Agnes Mayer (1812–1900), um 1865

3| Gustav Brinck (1841–1887), Hochofendirektor, um 1885

4| Ernst Elmering, Ingenieur im technischen Büro, um 1885

5| Franz Exmann, Verwalter des Kosthauses, um 1885

6| Otto Helmholtz (1834–1919), Ober-Ingenieur und techn. Direktor, um 1885

7| Louis Capelle (1838–1922), Stahlwerks-Ingenieur u. Chef der Werksfeuerwehr, um 1895

8| Louis Leo, Ober-Ingenieur und technischer Direktor, um 1885

9| Gottfried Mauch (1840–1902), Fabrikbeamter, um 1885

10| Anton Mauch (1860–1942), Bürodiener und Werksfotograf, um 1890

11| Oskar Pinagel, Ingenieur und Prokurist, um 1885

12| Louis Baare (1821–1897), um 1865

13| Fritz (1855–1917) und Hedwig (1861–1948) Baare als Brautpaar, 1882

14| Wilhelm Baare (1857–1938), Vorstandsmitglied, um 1926

15| Jean Marie (Johann Maria) Heimann (1822–1901), Vorsitzender des Verwaltungsrates, um 1870

16| Fritz Baare im offenen Automobil, um 1910

17| Fritz Baare zu Pferd, in der Uniform des 2. Westfälischen Husarenregiments Nr. 11 („Krefelder Husaren"), 1909

18| Fritz Baare mit Tennisschläger (Ausschnitt), um 1910

19| Villa Fritz Baare vor dem Anbau, Alleestraße 67a in Bochum, 1885

20| Villa Fritz Baare, Kaminzimmer, um 1905

21| Villa Fritz Baare, Arbeitszimmer, um 1905

22| Villa Fritz Baare, Speisesaal, um 1905

23| Trauerzug Louis Baare in der Oberen Marktstraße, Mai 1897

24| Einweihung des Denkmals für Louis Baare, 30.6.1899

25| Familie Baare (in der Mitte Louis und Helene Baare, darunter Paul, darüber Doppelbild Fernando/Erich; außen im Uhrzeigersinn von oben: Minna, Carmen, Fritz, Therese, Louis, Theo, Adolf, Willy, Hedwig, Bernhard), um 1883

26| Spritzbeton-Arbeiten, 1924

27| Befüllen einer Torkret-Spritzbeton-Maschine, 1924

28| Zechen-Angestellte, 1926

29| Arbeiter der Elektrowerkstatt. Identifizierbar: Orth, Schleicher, Eidam, Hoffmann, Göring, Passenheim, Jespert, Scheibel, Bordasch, Hussmann, Möller, um 1900

30| 50-jähriges Dienstjubiläum von Heinrich Degenhard, vom Schlosserlehrling zum Betriebsführer aufgestiegen, Abteilung Materialprüfung, 28.4.1925

31| 25-jähriges Dienstjubiläum des Angestellten Josef Dittgen. Identifizierbar: Lönne, Maurer, Sieberg, Wulfert, Pfeiffer, Sommer, Eibisch, Reiser, Spörhase, Terhaar, Wissholt, Hautkappe, Diesing, 22.6.1922

32| Härteprüfung von Walzen (zeitgen. Ausschnitt), 31.3.1924

33| „Messstand für Lokomotiven-Radsätze“, um 1910

34| Arbeiter neben Treibradsatz, um 1900

35| Arbeiter neben Lokomotiven-Radsatz um 1900

36| Meister neben Lokomotiven-Radsatz, um 1900

37| Meister neben Radsatz für 4-Zylinder-Lokomotiven, um 1900

38| „Zweiteiliges Kugelschiebergehäuse von 3,5 m Ø, Gewicht 20 000 kg“, 3.5.1926

39| Angestellter auf einem vom Bochumer Verein hergestellten Waggon der Borkumer Kleinbahn AG, 1912

40| Grubenbahn-Schienen mit Förderwagen, Bergmann und Steiger in Berghabit, um 1910

41 | „Schiffsschraube für einen Eisbrecher von 10 000 kg aus 3% Nickelstahl“ (mit Arbeiter), 25.11.1924

42| „Schiffsschraube für einen Eisbrecher von 10 000 kg aus 3% Nickelstahl“ (ohne Arbeiter), 25.11.1924

43| „9 cm Hontoria-Kanone mit Drehlaffette“, um 1890

44| Oberingenieur Georg Regener, Betriebsleiter der Kanonen-Werkstatt, mit einem Schiffsgeschütz, 1882

45 bis 53| Porträts von Arbeitern, 1900/1910, und eines Küchenmädchens, 1925 (Ausschnitte)

54| „Hochziehen eines Dachbinders von 24 Meter Spannweite", 23.2.1924

55| Arbeiter beim Bau, um 1910

56| Drei Arbeiter vor einem Fallhammer, um 1900

57| „Hammerwerk der Gesellschaft für Stahlindustrie, Bochum“, 7.8.1923

SOZIALE EINRICHTUNGEN

Ohne einen Stamm hoch qualifizierter, loyaler Arbeiter wäre es für die Fabriken im Industriezeitalter schwierig gewesen, konkurrenzfähige Produkte herzustellen, sich am Markt zu behaupten und zu expandieren. Die meisten Industriellen dachten daher intensiv darüber nach, wie sie neue Arbeitskräfte anwerben, eine fähige Kernbelegschaft aufbauen und binden konnten. Um den Arbeitsplatz attraktiver zu machen, konnten sie höhere Löhne zahlen, aber auch Zusatzleistungen anbieten, beispielsweise Unterstützung im Krankheitsfall, kostengünstigen Wohnraum oder preiswerte Lebensmittel. Nüchtern betonte Louis Baare vor der Generalversammlung des Bochumer Vereins, die „Fürsorge" des Unternehmens werde „indirekt reichlichen Gewinn" einbringen, weil die Beschäftigten die sozialen Leistungen „durch erhöhte Anstrengungen" anerkennen würden.[1]

Diesen Weg der betrieblichen Sozialpolitik beschritten zahlreiche Unternehmer, nicht zuletzt im Ruhrgebiet. Viele hofften dabei auch die soziale Frage, die sich mit der Industrialisierung zunächst erheblich verschärft hatte, zu lösen und politischer Unruhe vorzubeugen, das heißt den Zulauf der Arbeiter zur Sozialdemokratie aufzuhalten. Zweifellos gingen mit mancher Wohlfahrtsleistung auch Kontrolle und Disziplinierung einher. Den Unternehmern deshalb soziales Empfinden abzusprechen, führt jedoch in die Irre. Ökonomisches Gewinnstreben und politisches Kalkül einerseits sowie Mitmenschlichkeit und gesellschaftliches Verantwortungsgefühl andererseits schließen sich nicht aus, sind allerdings in den Quellen nur selten eindeutig zu trennen. Und eines ist ebenso banal wie bedeutsam: Wer in den Genuss betrieblicher Sozialleistungen kam, hatte einen höheren Lebensstandard – besonders in den Jahren vor Einführung staatlicher Angebote.

Der Bochumer Verein gehörte zwar nie zu den Vorreitern betrieblicher Sozialpolitik, aber auch nicht zu den Nachzüglern. Was er auf diesem Gebiet leistete, entsprach dem guten Durchschnitt.[2] In der Breite der Maßnahmen übertraf er manchen Konkurrenten, strebte aber nie danach, ein so tief gestaffeltes System von „Wohlfahrtseinrichtungen" zu gründen wie Krupp in Essen. Charakteristisch waren Schwerpunkte auf dem Feld der Unterstützungskassen und des Wohnungsbaus. Allerdings bedurfte es behördlichen Drucks und neuer Gesetze, bis die 1851 gegründete Krankenkasse endlich auf solider Basis stand. Nur zögerlich machte der Bochumer Verein weiter. Eine Pensionskasse entstand erst 1895, und zwar nur für „Beamte". Invalide Arbeiter konnten nur auf freiwillige betriebliche Leistungen hoffen.

Mehr Aufmerksamkeit schenkte das Unternehmen einer zweiten Säule der betrieblichen Sozialpolitik, dem Wohnungsbau. Angesichts der Erfahrung, dass der eklatante Wohnungsmangel Arbeiter davon abhielt, eine Beschäftigung beim Bochumer Verein aufzunehmen oder dass marode Unterkünfte zu Kündigung und Stellenwechsel führen, investierte die Firma seit 1856 in werkseigene Häuser. Größte Dimensionen nahm die seit 1866 entstehende Kolonie Stahlhausen, in unmittelbarer Nachbarschaft zum Werk, ein. Dreißig Jahre später lebten dort bereits über 3.000 Menschen. Die Siedlung wurde bis zum Ersten Weltkrieg immer wieder erweitert und modernisiert. In der Nähe baute der Bochumer Verein 1873/74 ein imposantes Kost- und Logierhaus, das der Unterbringung und Verpflegung von bis zu 1.200, später 1.500

➤ Abb. 11, 13–14

ledigen Arbeitern diente. Im westfälischen Teil des Ruhrgebiets dürfte der Bochumer Verein, im Vergleich mit anderen Unternehmen, „die mit Abstand größte Aktivität" auf dem Feld des Wohnungsbaus entfaltet haben.[3] Trotz der Reglementierung, der sich die Mieter seit jeher zu unterwerfen hatten, und trotz der Kopplung von Miet- und Arbeitsvertrag blieb die Nachfrage nach Werkswohnungen hoch, weil die Miete niedriger war als auf dem freien Markt und die Ausstattung der Wohnungen meist besser. In den Siedlungen standen den Mietern zudem Gärten zur Verfügung, die zur Selbstversorgung mit Nahrungsmitteln beitrugen.

➤ Abb. 18

Auch zu den Zechen des Bochumer Vereins gehörten in aller Regel eigene, kleinere Siedlungen. Das umfangreichste und städtebaulich ambitionierteste Projekt realisierte die Firma ab 1909 neben ihrem Bergwerk Teutoburgia in Börnig, heute ein Stadtteil von Herne. Im Jahr 1896 verfügte der Bochumer Verein bereits über 1.056 Einzelwohnungen.[4] Rechnet man die im Kosthaus untergebrachten Arbeiter hinzu, lebten damals rund 28 % der Beschäftigten in werkseigenen Unterkünften. Auch in den zwanziger Jahren setzte das Unternehmen seine Strategie fort. Als ab 1922 das neue Werk in Höntrop entstand, sah man von vornherein auch eine Siedlung für Beschäftigte vor. Die Häuser lagen im Windschatten des neuen Verwaltungsgebäudes.

➤ Abb. 23

➤ Abb. 26

Um die Unterstützungskassen und die Werkswohnungen herum gab es einen Kranz weiterer sozialer Angebote, allerdings eher locker geflochten. „Langfristige und stringent verfolgte Konzepte" fehlten, genau wie bei vielen anderen Montanunternehmen.[5] 1875 eröffnete eine „Konsumanstalt" mit zwei Verkaufsstellen; 1926 waren es dann zehn Filialen, in denen Beschäftigte preisgünstig einkaufen konnten, vor allem Lebensmittel. Einen Kindergarten gab es in der Siedlung Stahlhausen seit 1882, verbunden mit einer Handarbeitsschule für etwas ältere Mädchen. Im Jahr 1907 besuchten 270 Kinder diesen Kindergarten, um dort unter Aufsicht von Lehrerinnen „zum Guten angehalten und auf die künftige Lernzeit in der Volksschule" vorbereitet zu werden.[6] 1925 waren es immerhin noch 140 Kinder.[7] Das Unternehmen hatte die Verwaltung des Kindergartens schon kurz nach dessen Gründung dem „Vaterländischen Frauenverein" übertragen und unterstützte fortan diese Organisation finanziell und mit kostenlosen Räumlichkeiten. 1907 baute die Firma an der Sedanstraße sogar ein Haus, wo der Frauenverein in größerem Maßstab als bislang eine Krankenküche betrieb, die Erkrankte und Rekonvaleszenten versorgte. Außerdem engagierte er sich in der Gesundheitsfürsorge, bot insbesondere Solbadekuren für Kinder und Erwachsene an und kümmerte sich um Wöchnerinnen. Die enge Verbindung des Frauenvereins zum Unternehmen verkörperte Hedwig Baare, Gattin des Generaldirektors und viele Jahre lang Vorsitzende des Frauenvereins.

➤ Abb. 8

Zum Sozialwerk des Bochumer Vereins zählten auch punktuelle Beschäftigungsmöglichkeiten für die Invaliden. Es begann mit einer Bürstenmacherei im Jahr 1889. Nach dem Ersten Weltkrieg sollten auch Kriegsbeschädigte wieder am Arbeitsprozess teilnehmen können, so dass 1924 neue Räumlichkeiten für Invalidenwerkstätten geschaffen wurden. 1926 arbeiteten dort schließlich 35 Mann, genauer: nur 35 Mann, davon zwanzig Unfall-, vier Alters- und elf Kriegsinvalide. Die Werkstätten boten also nur einem Bruchteil der Invaliden eine Beschäftigung; und die entsprechenden Fotografien kommen Propaganda gleich. Dennoch zog die Werkszeitung ein euphorisches Fazit, wonach „die vom Unglück Betroffenen sich als vollwertige Mitglieder der großen Arbeitsgemeinschaft, die unser Werk darstellt", fühlten.[8]

➤ Abb. 9, 10

Nicht zuletzt galt die Aufmerksamkeit des Bochumer Vereins der Zeit „nach der Schicht". Indem die Unternehmensspitze zum Beispiel sportliche Aktivitäten der Mitarbeiter förderte, Feiern veranstaltete und Jubilare in festlichem Rahmen ehrte, versuchte sie, einen Ausgleich für körperlich harte Arbeit zu schaffen, das Gemeinschaftsgefühl zu wecken und politisch missliebigem Zeitvertreib vorzubeugen. Über Jahrzehnte hinweg trug die betriebliche Sozialpolitik einen patriarchalischen Charakter, das heißt die Beschäftigten besaßen keine verbrieften Anrechte auf bestimmte Leistungen, sondern waren vom Ermessen des Managements und der Fabrikeigentümer abhängig. Zudem waren soziale Leistungen immer an das Beschäftigungsverhältnis gekoppelt: Wer das Werk verließ, verlor alle Ansprüche, verlor auch seine Wohnung in einer der Fabrikkolonien.

FOTOGRAFIEN DER BETRIEBLICHEN SOZIALPOLITIK

Die thematische Breite der Motive des Bochumer Sozialwerks entspricht der Überlieferung anderer Industrieunternehmen. Allerdings blieb die Quantität dahinter zurück. Obwohl der Bochumer Verein in seine frühen Repräsentationsalben auch Aufnahmen des Kost- und Logierhauses sowie einzelner Siedlungen aufnahm und Fotografien des Sozialen ein integraler Bestandteil seiner Selbstdarstellung ebenso wie der Berichterstattung in der Presse[9] waren, machte die Werksfotografie keinen Versuch, die entsprechenden Einrichtungen systematisch und kontinuierlich zu dokumentieren. Anders als Krupp oder die Gutehoffnungshütte, wo dies noch vor dem Ersten Weltkrieg geschah,[10] stellte der Bochumer Verein weder spezielle Alben noch bebilderte Broschüren zur betrieblichen Sozialpolitik[11] zusammen.

Offenbar erst aus Anlass der Düsseldorfer Industrie- und Gewerbeausstellung im Jahr 1902 entstanden einige Fotografien zum Innenleben des Kosthauses. Es handelte sich um einen zweckgerichteten Auftrag an die Werksfotografie, denn der Bochumer Verein wollte in seinem Ausstellungsgebäude – der heutigen „Jahrhunderthalle“ – sein Sozialwerk überzeugend illustrieren. Das Kost- und Logierhaus stellte schon von jeher einen Blickfang dar. Der gewaltige Bau musste jeden Betrachter beeindrucken und legte architektonisch Zeugnis vom sozialen Selbstverständnis des Unternehmens ab. Ähnliches galt für die weitläufigen, breiten Straßenzüge der Siedlung Teutoburgia oder Luftaufnahmen der Höntroper Siedlung. In die Wohnungen hinein gingen die Fotografen nicht. Fast immer setzten sie allein auf die Kraft der Architektur, empfanden den Menschen offenkundig als störend. Nur auf wenigen Aufnahmen stehen Bewohner vor ihren Häusern oder auf der Straße. Insofern wirken die Kolonien auf den Fotografien oft leblos, zugleich aber eigentümlich alters- und zeitlos.

▸ Abb. 2–4
▸ Abb. 1
▸ Abb. 16–18

Diese Sozialfotografie war am Objekt orientiert, nicht am Subjekt. Erst in den 1920er-Jahren rückte der Mensch stärker in den Fokus, und zwar in drei Bereichen. Zum einen wendete sich der Fotograf gern Kindern zu, zum Beispiel wenn sie im Kindergarten betreut wurden. Kinder sind ja immer Sympathieträger und verheißen Zukunft. Zum anderen inszenierte er Sportler und transportierte damit ein Gefühl von Dynamik. Die jungen Männer und Frauen strahlten Vitalität aus, Eleganz und Optimismus. Und wenn sie Pokale errangen, dann signalisierten sie Erfolg – und das sollte andere anspornen. Sport prägte das Lebensgefühl gerade der zwanziger Jahre. Im Bochumer Verein gab es eine Lehrlingssport-Abteilung, die in mehreren Disziplinen an Wettkämpfen teilnahm und auch überregional Preise gewann. Auch der Sport sorgte für gemeinschaftsstiftende Erlebnisse. So zeigten mehrere Fotografien, wie Lehrlinge 1926 einen neuen Sportplatz anlegten.

▸ Abb. 24, 25
▸ Abb. 20, 21
▸ Abb. 22

Zentralere Felder der Unternehmenskultur blieben im hier betrachteten Zeitraum unterbelichtet. Weitestgehend fehlen Fotografien all jener Bemühungen, Identität zu konstruieren und die Verbundenheit mit dem Werk zu fördern. Jubilarfeiern und -ehrungen oder die 50-Jahr-Feier des Unternehmens (1904) sind ebenso wenig im Bild dokumentiert[12] wie gesellige Veranstaltungen der für den Bochumer Verein besonders charakteristischen Werkstattvereinigungen,[13] in denen sich die Belegschaften einzelner Betriebsabteilungen zusammenschlossen und die eigene Fahnen anschafften und regelmäßig Feste feierten. Das Fehlen entsprechender Fotografien bis weit in die 1920er-Jahre hatte vermutlich auch technische Gründe, insbesondere die schwierigen Lichtverhältnisse in den Räumen und die langen Belichtungszeiten. Andere Bereiche der betrieblichen Sozialpolitik waren per se kaum adäquat zu fotografieren, zum Beispiel Tätigkeit und Leistungen der Unterstützungskassen.

ANMERKUNGEN

1 Zit. n. Däbritz: Bochumer Verein, S. 145 (ohne Datierung).

2 Vergleichend siehe Susanne Hilger: Sozialpolitik und Organisation. Formen betrieblicher Sozialpolitik in der rheinisch-westfälischen Eisen- und Stahlindustrie seit der Mitte des 19. Jahrhunderts bis 1933, Stuttgart 1996.

3 Rudzinski: Unternehmen, S. 147.

4 Bochumer Verein, 1896, S. 14.

5 Hilger: Sozialpolitik, S. 276.

6 Druckschrift „Zur Erinnerung an die Einweihung der Krankenküche […]", 1907: Historisches Archiv Krupp, WA 80/1854.

7 „Aus der Wohlfahrtstätigkeit des Bochumer Vereins", in: Hütte und Schacht, Nr. 24, Dez. 1925, S. 5.

8 Hütte und Schacht, Nr. 22, Nov. 1926, S. 5.

9 Als Beispiel: Der Bochumer Verein für Bergbau und Gußstahlfabrikation, in: Die Industrie 10 (1891), Nr. 21 vom 14.10.1891, S. 327–334, hier S. 331.

10 Heinz Reif: „Wohlergehen der Arbeiter und häusliches Glück" – Das Werksleben jenseits der Fabrik in der Fotografie bei Krupp, in: Tenfelde (Hg.): Bilder, S. 105–122. Zeppenfeld: Werksfotografie, S. 226–227.

11 Eine kurze Darstellung der Siedlungen enthält nur Pläne und Zeichnungen: Die Arbeiterwohnungen des Bochumer Vereins für Bergbau und Gußstahlfabrikation zu Bochum in Westfalen, Berlin 1883.

12 Die Werkszeitung „Hütte und Schacht" brachte allerdings immer wieder Porträts und Gruppenbilder von Jubilaren. In der Broschüre „Andenken an die 50-Jahrfeier des Bochumer Vereins, 5.-6. November 1904" findet sich nach S. 14 ein Foto des menschenleeren, aber geschmückten Festsaals im Kost- und Logierhaus: Historisches Archiv Krupp, S 2, BV 9/2.

13 Schwenger: Sozialpolitik, S. 17.

1| „Kost- und Logirhaus für 1200 Arbeiter“, um 1884

2| „Brausebäder“ im Kost- und Logierhaus, 17.3.1902

3| Schlafraum im Kost- und Logierhaus, 17.3.1902

4| „Anrichteraum“ im Kost- und Logierhaus, 17.3.1902

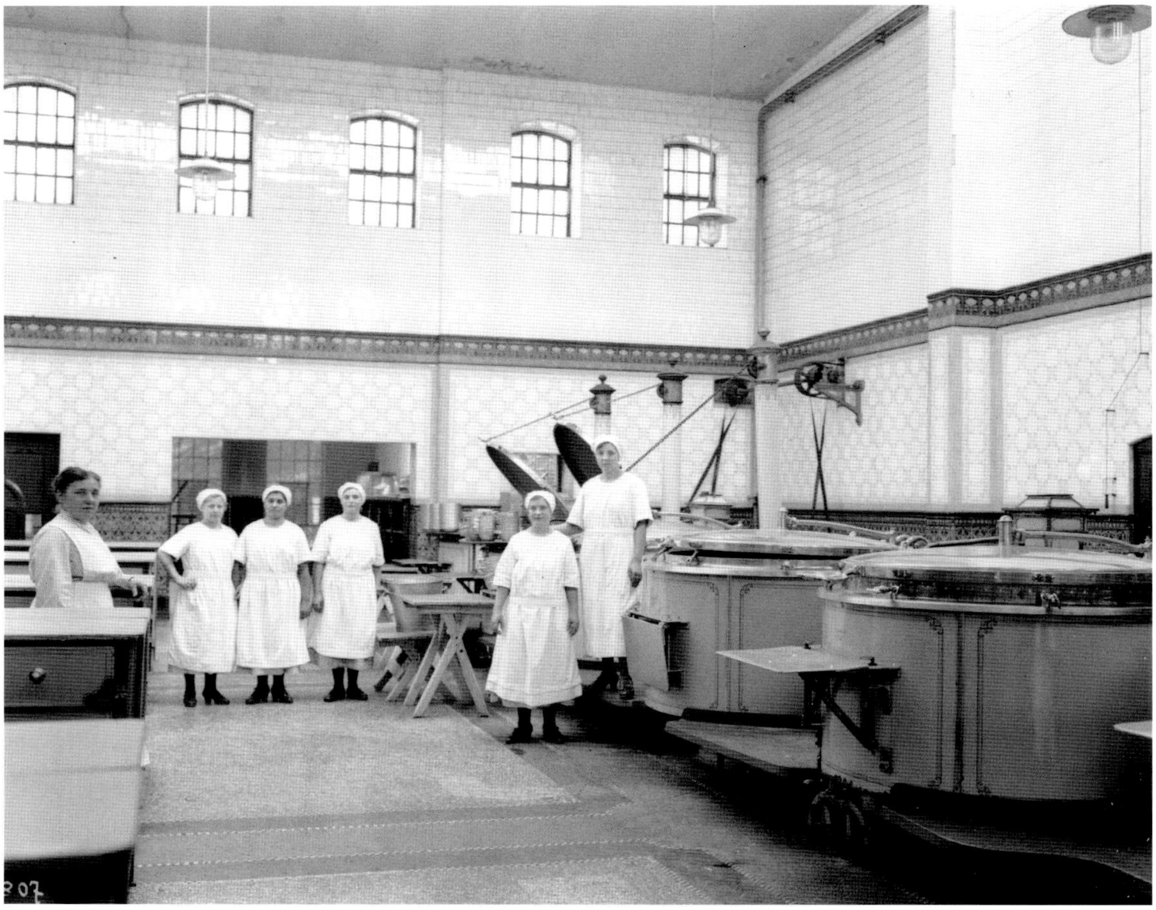

5| Küche im Kost- und Logierhaus, 2.10.1925

6| „Schälraum“ im Kost- und Logierhaus (Ausschnitt), 17.3.1902

7| Russisch-Römisches Bad im Kost- und Logierhaus, 17.3.1902

8| Invalidenwerkstatt, „Bei der Herstellung von Eimern und Kannen“, 5.10.1926

9| Festlich geschmückter Speisesaal des Kost- und Logierhauses zur 40-Jahr-Feier des Männergesangvereins „Gußstahlglocke“, 9.7.1925

10| „Weihnachtsvorführungen u. Bescherung im Kosthause“, Dez. 1926

11 | „Arbeiter-Colonie Stahlhausen. Bewohnt von über 2000 Seelen" (in der Achse der Mittelstraße der Kindergarten), aufgenommen vom Dach der Kanonenwerkstatt, 1884

12| „Arbeiter-Kolonie der Kohlenzeche Ver. Maria-Anna und Steinbank“ (Ausschnitt), 1884

13| Vier-Familien-Haus mit Stallanbau in der Siedlung Stahlhausen (Ausschnitt), um 1890

14| Doppelhaus in der Siedlung Stahlhausen nach Modernisierung (Ausschnitt), um 1910

15| Unbekannte Arbeitersiedlung (Ausschnitt), um 1900

16| Siedlung Teutoburgia, Baarestraße, [Herne-] Börnig, um 1912

17| Siedlung Teutoburgia, Kreuzung Schreberstraße (früher Gartenstraße)/Teutoburgiastraße, [Herne-]Börnig, um 1912

18| „Siedlung Höntrop", Blick vom Wasserturm (Ausschnitt), 11.8.1924

19| Beamtenhäuser an der Ecke Alleestraße/Kohlenstraße, Bochum, 6.5.1926

20| Gymnastik junger Mitarbeiterinnen, 1926

21| „Neuhaus und Hofknecht (Lehrlinge des Bochumer Vereins), 1. u. 3. Sieger im nationalen Lehrlings-Sportfest in Berlin am 13. u. 14. Juni 1925 im 7-Kampf – Jugendklasse“ (Ausschnitt), 11.7.1925

22| Lehrlinge beim Bau der neuen Sportanlage (Ausheben der Laufbahn, Fußballfeld bereits fertiggestellt), im Hintergrund Zeche Engelsburg, 9.8.1926

Salem Cabinet
STOLZ

23| Verkaufsstelle der Konsumanstalt, um 1910

24| Kindergarten, Gebäude Sedanstraße (Vaterländischer Frauenverein), um 1910

25| Liegeraum für kränkliche Kinder, Gebäude Sedanstraße (Vaterländischer Frauenverein), um 1910

26| Krankenküche, Gebäude Sedanstraße (Vaterländischer Frauenverein), um 1910

SICHERHEIT UND ARBEITSSCHUTZ

In Stahlwerken lauerten vielfältige Unfallgefahren: Hitze, Feuer und Gase, unübersichtliche Transporteinrichtungen, große Maschinen, unhandliches Werkzeug und schwere, teils glühende Werkstücke. Entsprechend häufig waren Unfälle, auch mit Todesfolge. Die Berufsgenossenschaft verzeichnete für das Jahr 1910 in der Region Bochum 247 Hüttenarbeiter, die sich verletzten, und 22 Tote.[1] 1,2 Prozent der Versicherten erlitten demnach einen Unfall. Ähnlich gefährlich war die Arbeit in den Bergwerken. Zwar kam es in den Zechen des Bochumer Vereins nicht zu einem der verheerenden Grubenunglücke mit mehr als hundert Toten, doch auch hier starben immer wieder Bergleute: 1897 zwei Tote auf Maria Anna und Steinbank, 1900 zwei Tote auf Carolinenglück, 1912 sechs Tote auf Teutoburgia, 1920 drei Tote auf Carolinenglück.[2]

Wie andere Unternehmen reagierte der Bochumer Verein auf Unfallgefahren mit Aufklärung und Druck. Arbeitsanweisungen sollten mit Ordnungsstrafen durchgesetzt werden. 1893 mussten die Arbeiter Diefenbruch und Altenbocum je drei Mark Strafe zahlen, weil sie beim Behauen von Stahlgussteilen keine Schutzbrille getragen hatten.[3] Darüber hinaus bemühte sich die Unternehmensleitung um Versicherungen, die im Unglücksfall Unterstützung leisteten. Die staatliche Unfallversicherung von 1884, eine Pioniertat, bei deren Zustandekommen auch Louis Baare mitwirkte, vereinheitlichte bisherige Regelungen und beendete die bis dahin üblichen Streitereien um das Verschulden von Unfällen und die Leistungshöhe. Das Gesetz verbesserte die Situation gerade auch für die Arbeiter.

Was sich jedoch wenig und nur allmählich verbesserte, war die eigentliche Arbeitssicherheit. Vor Ort warb der Bochumer Verein zwar für Schutzbrillen, zweckentsprechende Arbeitskleidung und dergleichen, aber die Unfallprävention blieb unzureichend, ganz zu schweigen von den chronischen Belastungen durch Staub und Lärm, die fast gar nicht thematisiert wurden. Einrichtungen wie Verbandstuben und Krankenwagen brachten zwar Fortschritte, waren aber nur in geringer Zahl vorhanden. Immerhin: Mit all dem suchte der Bochumer Verein sich als fürsorgliches, vorsorgendes Unternehmen zu beweisen und die Attraktivität der Arbeitsplätze zu erhöhen.

➤ Abb. 7, 8

➤ Abb. 10, 11

Auch Feuer- und Grubenwehren vermittelten ein Gefühl von Sicherheit. Sie konnten im Notfall rasch und wirksam eingreifen. Beginnend in den 1840er-Jahren, entstanden in den deutschen Städten allmählich Feuerwehren, noch meist auf freiwilliger Basis. Als erste Werksfeuerwehr gilt die Krupp'sche in Essen. Nur zögerlich folgten andere Firmen. 1866 gegründet, trug die freiwillige Werksfeuerwehr des Bochumer Vereins das ihre zur Sicherheit bei.[4] Fast in jedem Jahr forderte ein Großfeuer auf dem Betriebsgelände ihren Einsatz. Aber auch gegen Brände in der Stadt rückte sie aus, so 1920 zur Propsteikirche. Eine fahrbare Benzin-Motorspritze erhöhte seit 1924 die Leistungsfähigkeit, und in diesen Jahren taten rund 130 freiwillige Feuerwehrmänner Dienst.

➤ Abb. 2

FOTOGRAFIEN DER SCHUTZ- UND SICHERHEITSMASSNAHMEN

Mit Fotografien wollte das Unternehmen zeigen, dass es auf Gefahren reagierte und diese beherrschte. Dabei trat der betroffene Mensch jedoch eher zurück: In der fotografierten Verbandstube liegt kein Kranker, im Waschraum säubert sich niemand. So strahlen die Fotografien Ruhe und Ordnung aus. Sie blicken konzentriert auf das erreichte Niveau. Ob die leeren Räume eine „Suggestionskraft“ entfalteten und der Betrachter die abwesenden Menschen als besonders intensiv anwesend empfand,[5] bleibt spekulativ. Doch manche Einrichtung war offenbar tatsächlich wegweisend: Eine 1924 entstandene Aufnahme der Verbandstube im neuen Werk Höntrop wurde 1926 stolz auf der international beachteten Düsseldorfer Ausstellung für Gesundheitspflege, soziale Fürsorge und Leibesübungen (Gesolei) präsentiert und noch sechzehn Jahre später in ein vom Bochumer Verein herausgegebenes Büchlein „Soziale Arbeit“ aufgenommen.[6] Die Verbandstube markierte augenscheinlich immer noch Modernität.

➤ Abb. 9

➤ Abb. 10

Nie zeigte die Fotografie Probleme, sondern immer Problemlösungen, also nicht den Schmutz am Arbeitsplatz, sondern den Waschraum; nicht die Toten nach einem Bergwerksunglück, sondern den Rettungstrupp; nicht die Verletzungen durch einen Unfall, sondern Schutzbleche an der Maschine oder funktionale Kleidung mit Schutzbrillen. Solche Aufnahmen verstanden sich auch als Appell an die Beschäftigten. Sie dienten der Aufklärung, waren Lehrmittel und Lernhilfe. Wenn die Grubenwehr in – inszenierte – Aktion trat und entsprechende Fotografien in der Werkszeitschrift publiziert wurden, dann sollte damit die Aufmerksamkeit des Unternehmens unter Beweis gestellt werden. Fortschrittliche Technik wie die Motor-Feuerspritze signalisierte Sicherheit, und auf den arrangierten Aufnahmen eines Brandeinsatzes demonstrierten die Feuerwehrleute ihr Geschick. Mit ihren Uniformen und den ernsten Gesichtern strahlten sie auch auf Gruppenbildern Verlässlichkeit und Zuversicht aus. Fotografie war mithin eine vertrauensbildende Maßnahme. Gleichzeitig diente sie als „Entlastungsinstrument“,[7] indem sie suggerierte, das Unternehmen optimiere das Arbeitsumfeld mit allen Kräften und beherrsche die latenten Unfallgefahren.

➤ Abb. 5
➤ Abb. 7, 8
➤ Abb. 4

Freilich griffen andere Industriebetriebe und Verbände im Hinblick auf Arbeitssicherheit und Unfallschutz zu moderneren, drastischeren Mitteln. Die AEG zeigte 1919 auf einem Foto die abgeschnittenen Finger eines Arbeiters, der beim Bedienen einer Maschine einen Unfall gehabt hatte.[8] Fotografien ihrer Sozialeinrichtungen nutzte die AEG im Übrigen insbesondere für das werkseigene Hygiene-Museum. Dergleichen besaß der Bochumer Verein nicht. Er nutzte die Fotografien in der Werkszeitschrift und für die Außendarstellung über Broschüren und externe Ausstellungen.

ANMERKUNGEN

1 Verwaltungsbericht der Rheinisch-Westfälischen Hütten- und Walzwerks-Berufsgenossenschaft für das Rechnungsjahr 1910, Essen o. J., S. 43.

2 Dazu und zu weiteren Fällen siehe Evelyn Kroker, Michael Farrenkopf: Grubenunglücke im deutschsprachigen Raum. Katalog der Bergwerke, Opfer, Ursachen und Quellen, Bochum 1998.

3 Ferreau: Arbeit und Herrschaft, S. 103

4 Das Folgende nach: Die freiwillige Feuerwehr des Bochumer Vereins, in: Hütte und Schacht, Nr. 13, Juli 1926, S. 7–8.

5 Heinz Reif: „Wohlergehen der Arbeiter und häusliches Glück“ – Das Werksleben jenseits der Fabrik in der Fotografie bei Krupp, in: Tenfelde (Hg.): Bilder, S. 105–122, hier S. 113.

6 Unser Werk auf der Gesolei, in: Hütte und Schacht, Nr. 18, Sept. 1926, S. 4. Soziale Arbeit. Bochumer Verein für Gußstahlfabrikation AG. Bochum 1842/1942, o. O. [ca. 1942], S. 46 (Historisches Archiv Krupp: S 1, AW 1.5).

7 Matz: Industriefotografie, S. 119 (Zitat) und S. 122/123.

8 Kugler (Hg.): AEG, S. 168.

1| Zeche Carolinenglück, sicherer Einsatz in einem Transportwaggon für Benzol, 27.5.1926

2| „Motorspritze in Tätigkeit“, 12.6.1926

3| Obermeister Ernst Longerich, Chef der Werksfeuerwehr, in Ausgehuniform, 12.6.1926

4| Feuerwehr „altes Werk“ vor dem Baare-Denkmal, 12.6.1926

5| Rettungstrupp der Zeche Carolinenglück mit Inhabad-Geräten (Beatmungsapparate zur Wiederbelebung) bei der Ausfahrt, 27.5.1926

6| „Grubenwehr“ (Zeche Carolinenglück), 27.5.1926

7| „Verbr[ennungs-]Schutz (Beispiele)“ durch zweckentsprechende Kleidung und Brille, 18.11.1926

8| Arbeitsschutz durch verschiebbare und umlegbare Schutzbleche, Dez. 1924

9| Waschraum, um 1910

10| „Werk Höntrop: Verbandstube“, 30.5.1924

11| Krankenwagen vor den Stützmauern des Siemens-Martin-Stahlwerks (heute sog. Colosseum), 2.2.1925

PRODUKTION UND PRODUKTE

VOM EISEN ÜBER DEN STAHL ZUM ENDPRODUKT

Am Anfang des Bochumer Vereins stand der Gussstahl, technisch treffender auch Tiegelstahl genannt. Es handelt sich um einen besonders homogenen, reinen und hoch belastbaren Werkstoff, der durch ein nochmaliges Schmelzen von Stahl in Tiegeln entstand – ein äußerst aufwendiger und kostspieliger Prozess. Das Ausgangsmaterial, der Rohstahl, kam aus dem Puddelwerk. Dort hatten die Arbeiter dem spröden Roheisen Kohlenstoff entzogen, so dass sie ein Produkt gewannen, das kalt oder warm verformbar war. Diese Weiterverarbeitung geschah in Schmieden, Gießereien und Walzwerken sowie anschließend gegebenenfalls in Mechanischen Werkstätten auf Drehbänken, mit Bohr- und Fräsmaschinen, in Drahtziehereien usw. Was den Bochumer Verein in der Weiterverarbeitung auszeichnete, war der Stahlformguss: eine epochemachende Erfindung von Jacob Mayer um 1850, mit der aus flüssigem Stahl direkt fertige Produkte gegossen werden konnten. ➤ Abb. 10

Aber noch einmal einen Schritt zurück zur Stahlherstellung: Das Puddeln war mühsam, hart und langwierig. Insofern hielt auch der Bochumer Verein nach Alternativen Ausschau. Das Bessemer-Verfahren brachte in den 1860er-Jahren einen unglaublichen Produktivitätssprung: Plötzlich konnte in der gleichen Zeit 70 Mal so viel Rohstahl erzeugt werden. Der Bochumer Verein führte die innovative Technologie als einer der ersten ein, bereits im Jahr 1865, und produzierte Anfang der 1870er-Jahre zeitweise ein Viertel des gesamten deutschen Bessemerstahls.[1] Aus Bessemerstahl fertigte die Firma vorwiegend Schienen. Für qualitativ hochwertigere Produkte war dieser Stahl jedoch nicht ausreichend. Hier brachte erst das Siemens-Martin-Verfahren einen Durchbruch. Das erste Bochumer Siemens-Martin-Werk ging 1874 in Betrieb, und fünf Jahre später war die Firma der größte Produzent von Martinstahl in Deutschland.[2] Dagegen blieb Thomasstahl, ein dritter neuer Typus, beim Bochumer Verein nur Episode (1881–1897). Bessemer- und besonders Martinstahl liefen dem teuren Tiegelstahl sehr rasch den Rang ab. Für Achsen und Räder, auch schwere Schmiedestücke, nutzte die Firma jetzt meist Martinstahl. Um die Wende vom 19. zum 20. Jahrhundert hielten sich Bessemer- und Martinstahl beim Bochumer Verein in etwa die Waage, während der Tiegelstahl nurmehr ein Prozent der gesamten Stahlerzeugung im Unternehmen ausmachte. 1911/12 baute die Firma ein zweites großes Siemens-Martin-Werk. Mitte der 1920er-Jahre war der Tiegelstahl ganz verschwunden, und der Martinstahl dominierte mit gut 96 % der gesamten Stahlmenge eindeutig.[3] ➤ Abb. 9

Bei der Herstellung und Verarbeitung von Stahl blieb der Bochumer Verein jedoch nicht stehen, sondern er verfolgte – wie seine Konkurrenten auch – das Konzept eines integrierten Hüttenwerks. Gemeint ist ein Verbund aller Produktionsstufen von der Beschaffung der Rohstoffe Kohle und Erz über die Roheisen-Gewinnung im Hochofen bis hin zu den Fertigerzeugnissen. Nur dieser Weg folgte der wirtschaftlichen Logik, nur er garantierte Unabhängigkeit und gleichbleibende Qualität der Produkte.

Mit dem Zeitalter der Massenstahlherstellung, eingeläutet durch das Bessemer-Verfahren, wuchs der Bedarf nach Roheisen rasant. Der Bochumer Verein reagierte: 1872 kaufte er mit der Mülheimer Hütte bei Köln seine ersten Hochöfen, doch erwiesen sie sich als wenig leistungsfähig. 1876 wurde der erste Hochofen in Bochum selbst angeblasen, 1878 stand der ➤ Abb. 1, 2 zweite, 1882 der dritte, 1890 der vierte und 1917 der fünfte. Während dieser Jahrzehnte verbesserte die Firma die Technik fortlaufend, vor allem bei der Beschickung der Öfen mit Koks und Erz, beim Abtransport des Roheisens und im Hinblick auf die Reinigung und anschließende Nutzung der Gichtgase. Von Beginn an war den Hochöfen in Bochum eine Hüttenkokerei angegliedert. Seit 1913 erfolgte dann der Transport von Koks via Seilbahn aus der Kokerei Carolinenglück zu den Hochöfen. In den 1920er-Jahren wurde die Hochofenanlage nochmals grundlegend um- und neugebaut. Der 1925 fertiggestellte und 1927 angeblasene Hochofen leistete mit einer Tagesproduktion von rund 700 Tonnen allein genausoviel wie alle Hochöfen des Bochumer Vereins am Vorabend des Ersten Weltkrieges zusammen.[4]

Das zeugte von erheblichen technologischen Fortschritten. Auch in anderen Werksteilen erhöhte sich die Produktivität durch neue Maschinen und neue Technik. Einige Beispiele: Hydraulische Pressen lösten zum Teil die Dampfhämmer ab, von denen der erste schon 1855 in Betrieb genommen worden war. In vielen Werkshallen bedeuteten leichtgängige elektrische Kräne eine wesentliche Transporthilfe. Im 1907 fertiggestellten neuen Schienenwalzwerk mussten die bis zu 820 Kilogramm schweren Blöcke nicht mehr manuell transportiert werden.[5] Der unaufhaltsame Strom der Automatisierung lief parallel zur wachsenden Spezialisierung, an deren Ende es jeweils eigene Werkstätten für Radreifen oder -scheiben, eigene Gießereien für Glocken, eigene Hallen für Kanonen usw. gab. Dabei waren die Beschäftigten von jeher mit unterschiedlichen Anforderungen konfrontiert: Laufburschen erfüllten einfache Hilfstätigkeiten, Facharbeiter mussten über körperliche Kraft und handwerkliches Geschick verfügen, Meister brauchten Erfahrung und Autorität – und von allen wurde Disziplin und Fleiß verlangt und alle sollten sich in die internen Hierarchien einordnen.

Trotz der Bemühungen um Rationalisierung und exakte Steuerung wuchs im Bochumer Verein mit der Zeit ein schwer durchschaubares Gewirr von Verarbeitungswerkstätten, und einzelne Betriebsteile empfanden sich geradezu als autonome Einheiten. Ineffizienz hieß die Folge. Auch Versäumnisse, Selbstgefälligkeit und Fehleinschätzungen führten immer wieder zu Rückschlägen. Exemplarisch erscheint die Verwaltungsratssitzung vom 30. April 1891, in der Generaldirektor Baare „über ungünstige statistische Ergebnisse unserer Gußstahlscheibenräder und Tiegelstahlreifen gegenüber dem Krupp'schen Fabrikat“ berichten musste und bedauerte, dass die Firma „in dieser Beziehung Rückschritte gemacht“ habe.[6]

Eine reine Erfolgsstory war die Entwicklung des Bochumer Vereins also keineswegs. Alles in allem aber behauptete sich das Unternehmen am Markt, auch weil es sein Produktionsprogramm immer wieder hinterfragte, kostspielige Fehlentscheidungen korrigierte und sich nicht scheute, in zukunftsträchtige Großprojekte zu investieren. Dafür steht der Name Höntrop. Um seine Rohstahlkapazitäten zu erweitern, plante der Bochumer Verein schon vor dem Ersten Weltkrieg ein neues Werk. Es sollte auf der grünen Wiese in Höntrop vor den Toren Bochums entstehen, und um die Rentabilität zu gewährleisten, kombinierte das Unternehmen das neue Stahlwerk mit einem Röhrenwalzwerk. Hochwertige Endprodukte wie Röhren fügten sich im Wortsinn nahtlos in die Produktionsphilosophie ein. Mit dem ersten Siemens-Martin-Ofen und dem Röhrenwalzwerk nahm das Höntroper Werk im Jahr 1924 den Betrieb auf. Dessen immense Bedeutung spiegelte sich auch in der umfassenden fotografischen Dokumentation wider, vom Bau bis zur Produktion.

Außer dem Höntroper Werk errichtete der Bochumer Verein in der Weimarer Republik einige neue Verarbeitungswerkstätten, beispielsweise die 1922 fertiggestellte Stahlglüherei, wo Qualitätsstähle vor dem Versand geglüht wurden, um ihre Eigenschaften zu optimieren. Das Unternehmen verfügte schließlich über eine ungewöhnlich große Palette von Stahlsorten – Standardware, aber auch Spezial- und Edelstahl – und von Endprodukten. Die Abnehmer waren breit gestreut: der Maschinenbau, die Verkehrsgesellschaften, das Militär und die Kirchen. Aus

Bochumer Spezialstahl entstanden riesige, über 40 Tonnen schwere Kurbelwellen ebenso wie winzige Schreibfedern für den Füllhalter oder Federn für Uhren aus dem Schwarzwald.

FOTOGRAFIEN AUS DER PRODUKTION

Im Stahlwerk herrschten besonders diffizile Aufnahmebedingungen, verursacht durch die Größe von Maschinen und Geräten, die Kontraste zwischen dunklen Hallen und glühendem Stahl, die sprühenden Funken und die Hitze, den notwendigen Sicherheitsabstand zu den Arbeitsprozessen usw. Deshalb gelang es kaum, die Dynamik der Abläufe auf eine Bildplatte zu bannen. Was im Hochofen oder im Konverter geschah, entzog sich der Linse des Fotografen; die Kamera sah nur den Hochofenabstich oder das Befüllen der Konverter. Daher wirken die vorhandenen Aufnahmen vergleichsweise statisch, auch wenn sich Werksfotograf Ernst Topp im August 1926 bemühte, in einer Bildreportage einzelne Arbeitsschritte am Hochofen einzufangen. Stets kämpfte der Fotograf um größtmögliche Aussagekraft und das „perfekte" Arrangement, so wenn er veranschaulichen wollte, wie die Temperatur eines Werkstücks unter dem Dampfhammer mit Hilfe eines Pyrometers gemessen wurde.

➤ Abb. 7, 11
➤ Abb. 5, 6
➤ Abb. 22, 23

Nur gelegentlich durchbrach der Werksfotograf die Schranken seiner dokumentarischen Aufgabe, indem er außergewöhnliche Standpunkte und Perspektiven wählte, beispielsweise auf den Dächern der Schmelzanlagen, oder indem er die funktionellen Strukturen der Riesenmaschinen in den Blick nahm. So verwirrend Rohre, Verstrebungen, Stützen, Bleche, Gitter und Ventile zunächst auch wirkten, so sehr griff bei näherer Betrachtung alles ineinander. Manchmal löste sich die Fotografie ganz von den Arbeitsprozessen und fing abstrakte architektonische Formen ein. Geradezu elegant erschienen dann die Segmente des Hochofens. Hier und nur hier bekam die Werksfotografie des Bochumer Vereins einen fast künstlerischen Charakter, nahm sie Elemente der zeitgenössischen Fotokunst auf. Die eine oder andere Aufnahme erinnert an die ästhetische Sprache der Neuen Sachlichkeit, an Arbeiten von Albert Renger-Patzsch und anderen, indem sie nah an ihre Motive heranging und aus den metallischen Bestandteilen der Hochofenarchitektur bildgestaltende Linien machte.

➤ Abb. 13
➤ Abb. 3, 4

ANMERKUNGEN

1 Rudzinski: Unternehmen, S. 51.
2 Ebd., S. 53.
3 Siehe Zahlen bei Däbritz: Bochumer Verein, Tabelle 10.
4 Unser Hochofenwerk, in: Hütte und Schacht, Nr. 7, April 1925, S. 4–6, hier S. 5.
5 Unsere Walzwerksanlagen, in: Hütte und Schacht, Nr. 9, Mai 1925, S. 5–6, hier S. 5.
6 Historisches Archiv Krupp, WA 80/793.

1| „Hohoefen in Bochum“ (zwei sog. schottische Hochöfen mit Blechmantel; zwischen den Öfen ein Aufzug zur Beschickung), 1878/79

2| Hochofenanlage in Bochum mit Gasreinigung, Erzanlieferung, Cowper-Winderhitzern, Schräg- und Vertikalaufzügen, um 1915

3| „Montage der Heißwindleitungen an den Winderhitzern“, 1.10.1924

4| „Blick auf einen Teil der Rohgasleitungen mit Umführungskrümmern“, 18.8.1925

5| „Ankunft der Seilbahnwagen [mit Koks] von der Zeche [Carolinenglück] auf der Gicht" des Hochofens, 31.8.1926

6| „Füllen der Begichtungskübel unter der Bunkeranlage", 31.8.1926

7| „Hochofenabstich" (Probeentnahme), vorne das Werkzeug des Hochöfners, hinten links seine Kaffeekanne, August 1926

8| „Roheisenlager hinter den Gießbetten", 9.7.1925

9| Bessemer-Stahlwerk (Konverter halb verdeckt in der Mitte rechts hinter der Kette des Krans), um 1878

10| Tiegelstahlschmelze (Arbeiter mit Zangen und Tiegeln vor den Öfen unterhalb des Bodenniveaus; im Vordergrund die Deckel der Tiegel), um 1882

11| Beschickung eines Siemens-Martin-Ofens mit Roheisen, um 1920

12| Bau des Siemens-Martin-Werks II mit dem heute sog. Colosseum als Stützkonstruktion, 1911

13| Dächer der Schmelzanlagen, 17.12.1924

14| Stahlblöcke für Röhrenfertigung im Werk Höntrop, 1925

15| Stahlbrammen mit Angabe von Dicke und Gewicht (zeitgen. Ausschnitt), 1924

16| Stahlgießerei, um 1875

17| „Gießhalle der Stahlgießerei“ II, 17.9.1925

18| „Blockbrecher“ im Röhrenwalzwerk Höntrop, 30.1.1925

19| „Großer [Dampf-]Hammer im Hammerwerke II“, um 1878

20| „Hammerwerk I“ (vorne links eine polierte Walze), um 1878

21| „4000-Tonnen-Schmiedepresse“ (rechts auf dem Wagen eine Kurbelwelle), 1892

22| 6-Tonnen-Dampfhammer und Messung der Temperatur des Schmiedestücks durch den Mann mit dem Hut (vorne) mit einem Pyrometer, 9.9.1924

23| 6-Tonnen-Dampfhammer und Messung der Temperatur des Schmiedestücks mit einem Pyrometer, 9.9.1924

24| Montage von Fahrzeugachsen in einer frühen Form von Fließbandarbeit, 1926

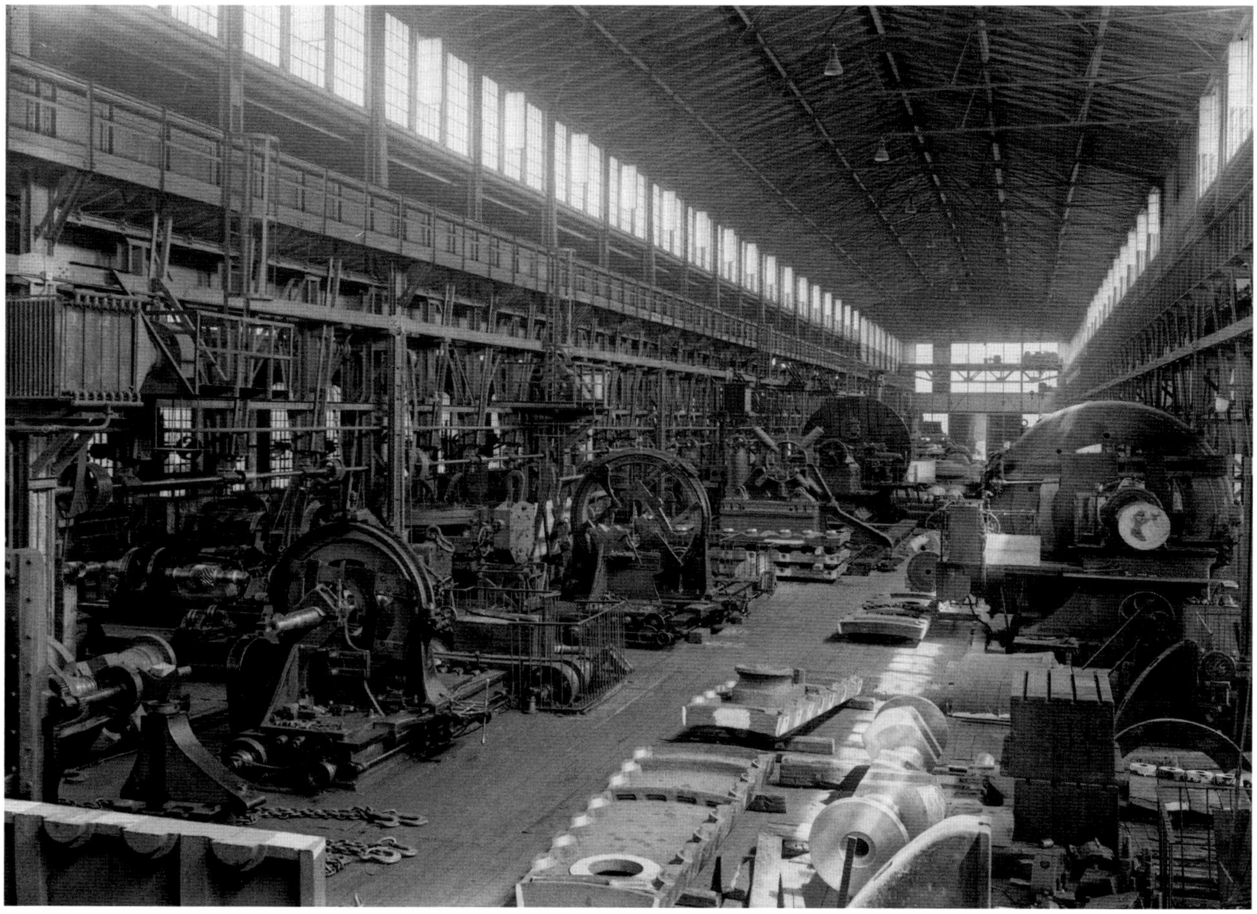

25| „Mechanische Werkstatt mit den Kurbelzapfendrehapparaten“ (vorne rechts eine bearbeitete Kurbelwelle), 28.10.1923

26| Neubau der Mechanischen Werkstatt II, 15.3.1926

27| „Drahtzieherei“ im Werk Stahlindustrie, 16.2.1925

28| Bleche für einen Siemens-Martin-Ofen des Werks Höntrop (Ausschnitt), 10.3.1926

GLOCKEN, MASCHINEN UND KANONEN

Der Stahlformguss, Jacob Mayers Erfindung, war revolutionär. In den Gießereien wurde zunächst anhand eines Holzmodells des geplanten Produktes eine Form aus Ton hergestellt, bei kleineren Produkten in Kästen, bei größeren in Gießgruben. Die Form wurde anschließend gebrannt, damit sie den flüssigen Stahl aufnehmen konnte. Mit diesem Verfahren ließen sich Gussstücke im Gewicht von 200 kg bis 80.000 kg erzeugen. So entstanden schwere Maschinenteile wie Gehäuse, Turbinenschaufeln, Zahnräder, Kammwalzen, Treibscheiben oder Schiffsschrauben und -steven, aber auch Produkte, die in der Montanindustrie außergewöhnlich waren: Glocken. Hauptvorteil der Gussstahl- gegenüber den üblichen Bronzeglocken war ihr deutlich niedrigerer Preis, auch sollten sie haltbarer sein. Nach eigenen Angaben war der Bochumer Verein bis zum Ersten Weltkrieg „alleiniger Hersteller der Gußstahlglocken in Europa“.[1]

Bis Mitte der 1920er-Jahre produzierte die Firma über 30.000 Kirchenglocken und mehr als 60.000 andere Gussstahlglocken.[2] Die Glockengießerei konnte jährlich bis zu 1.500 Stück herstellen.[3] Solche Zahlen beeindrucken zwar, aber betriebswirtschaftlich waren Glocken nicht von fundamentaler Bedeutung. Dennoch dienten sie dem Bochumer Verein über Jahrzehnte als willkommene Botschafter. Sie waren anschaulich, sie waren imposant, sie erfreuten das Gemüt und sie öffneten Türen. So wurden sie zu einem Erkennungszeichen des Bochumer Vereins.

Eine ihrer Weltausstellungs-Glocken wollte die Firma 1878 einem chinesischen Beamten schenken, um sich dessen Wohlwollen zu sichern. Ziel war es, einen Auftrag zu erhalten, allerdings über ein anderes Spezialprodukt, nämlich Kanonen.[4] Vier Geschütze gingen in jenem Jahr nach China. Bereits 1847 hatte der Bochumer Verein einen Sechspfünder aus Gussstahl produziert und 1865/66 eigens eine Kanonenwerkstatt eingerichtet. Es gelang zwar, auch auf Exportmärkten Fuß zu fassen und 1871 zum Beispiel 200 Geschütze an das Osmanische Reich zu liefern,[5] aber trotz aller Anstrengungen blieben die Kanonen eher ein Nebengeschäft. Gleiches galt für Geschosse, die man seit 1888 produzierte. Immerhin war der Ausstoß in absoluten Zahlen beträchtlich: 80.000 bis 90.000 Geschosse pro Jahr stellte die Firma her.[6] Im Ersten Weltkrieg spielten Rüstungsprodukte dann vorübergehend eine dominierende Rolle. In der Weimarer Republik gehörte der Bochumer Verein zu den wenigen deutschen Werken, die in gewissen Grenzen noch Rüstungsgüter erzeugen durften. In diesem Fall waren es Artilleriegeschosse vom Kaliber 3,7 bis 30,5 cm,[7] also Produkte, mit denen er seit Jahrzehnten Erfahrung hatte.

FOTOGRAFIEN DER SPEZIALPRODUKTE

Wenn sie Maschinen, Maschinenkomponenten und Glocken ablichteten, nutzten die Werksfotografen alle einleitend beschriebenen ästhetischen Mittel. Gerade mit diesen Produkten konnte sich der Bochumer Verein als Qualitätslieferant profilieren und von anderen Montankonzernen abgrenzen. Je spektakulärer das Produkt, desto attraktiver für den Fotografen. Eine Fülle von Aufnahmen, sogar in Form neuartiger Bildreportagen,[8] dokumentiert Her- ▸ Abb. 18–26 stellung und Vertrieb von Glocken. Diese bekommen fotografisch einen Rang, der ihnen real gar nicht zukam. Aber sie waren ein Alleinstellungsmerkmal und transportierten positive Assoziationen: Friedfertigkeit, Gemeinsinn, Gottvertrauen, Bodenständigkeit, handwerkliches Geschick.

➤ Abb. 7–17

➤ Abb. 1–5

Nahm er dagegen Maschinenteile auf, zielte der Fotograf immer darauf ab, deren gewaltige Dimensionen zu veranschaulichen, oft durch aufwendige Inszenierungen und durch Größenvergleiche mit Menschen oder Transportmitteln. Zum Faszinosum sollten die Stahlgussteile für den Betrachter werden, zu Objekten der Bewunderung. Demgegenüber fallen die Fotografien von Rüstungsprodukten quantitativ und qualitativ zurück. Möglicherweise spielten dabei Aspekte der Geheimhaltung eine Rolle, möglicherweise aber auch, dass die Firma sich auf diesem Gebiet mit Konkurrenten wie Krupp nicht messen konnte und deshalb lieber auf eigene „Highlights" wie die Glocken setzte.

ANMERKUNGEN

1 Aus einem Beitrag, der wohl für die Zeitschrift „Deutsche Industrie. Deutsche Kultur" entstand, um 1922: Historisches Archiv Krupp (im Folgenden: HAK), WA 80/4626–3.

2 Broschüre „Bochumer Verein", ca. 1925, S. X, HAK, S 2, BV 1/8.

3 Unsere Stahlgießerei, in: Hütte und Schacht Nr. 19, Okt. 1925, S. 5–6, hier S. 5.

4 Verwaltungsratssitzung, 29.1.1878, Punkte 3311 und 3312: HAK, WA 80/789.

5 Verwaltungsratssitzung, 24.1.1871, Punkt 2403: HAK, WA 80/788.

6 Broschüre „Bochumer Verein für Bergbau und Gußstahlfabrikation Bochum", ca. 1912, S. 121: HAK, S 2, BV 1/7.

7 Seebold: Stahlkonzern, S. 42.

8 Eine solche entstand am 1. Mai 1924, siehe HAK, F 45/1194 bis F 45/1215.

1| 21 cm Ringkanone mit Küsten-Lafette und Vorderem Pivot, ausgestellt auf der Wiener Weltausstellung, 1873

2| „21 cm gez. Stahlmörser mit Belagerungslaffete“, um 1875

3| Bayerische Geschützkommission im Revisions-Raum für Geschütze, 1867

4| Kanonenwerkstatt (vorne rechts sechs Geschosse), 1889

5| Geschosswerkstatt, 31.10.1926

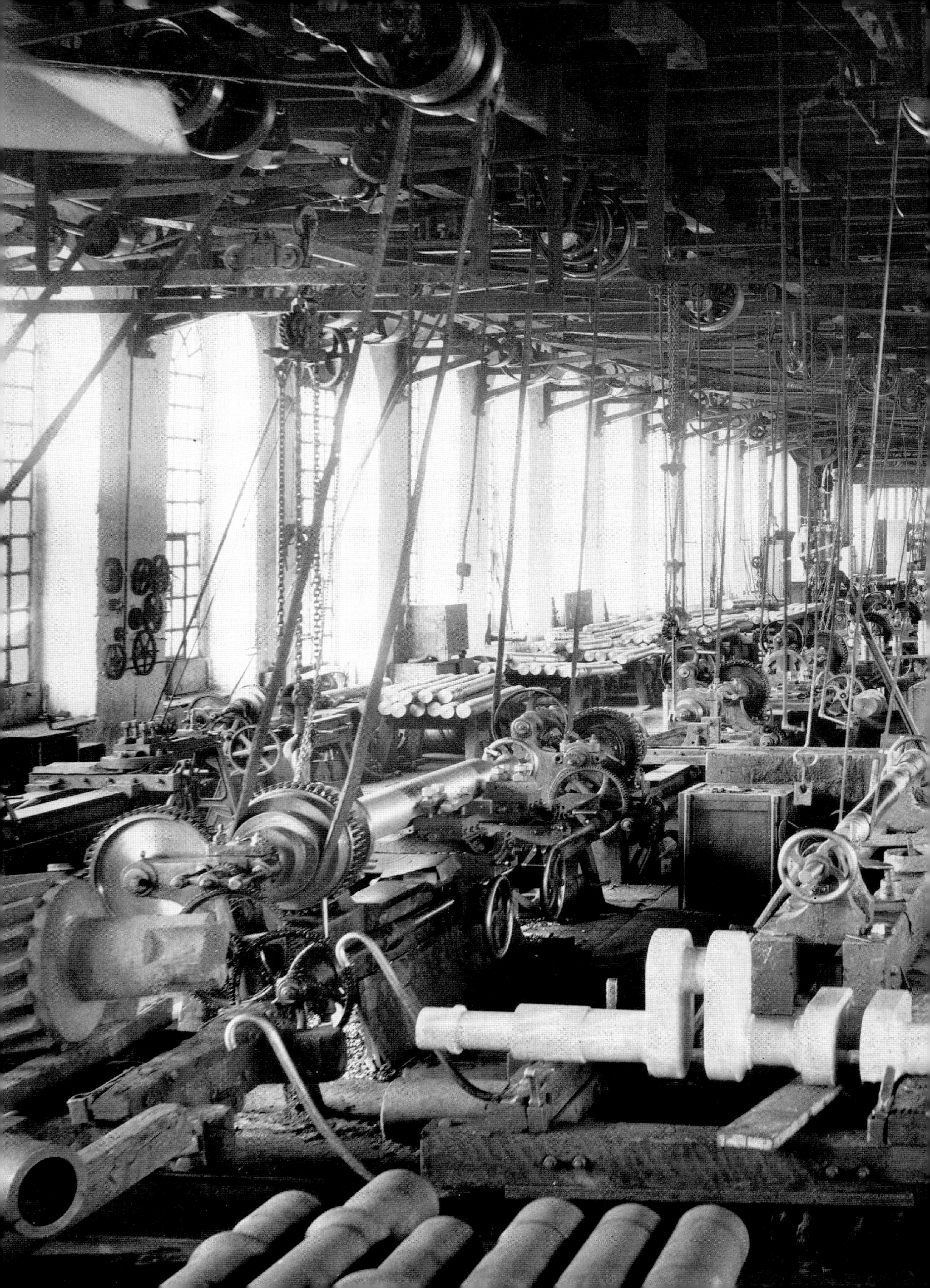

6| „Achsendreherei“ mit mechanischer Transmission, 1884

7| „Schiffs-Hintersteven, geschlossener Bauart, aus Stahlguss in roh gegossenem Zustand, geglüht“, 1924

8| Turbinenlaufrad aus Stahlguss (23.000 kg) für das Kachlet-Kraftwerk in der Donau bei Passau, 1925

9| „Spiralgehäuse für Wasserturbinen von 12.000 kg“ (zeitgen. Ausschnitt), 1925

10| „Turbinenlaufrad von 3,5 m Ø mit 16 eingegossenen Stahlblechschaufeln von 11.000 kg“, 13.4.1926

11| „Treibradhälfte für Fördermaschine 7100 [mm] Ø, 42.000 kg pro ganze Scheibe“, 1922

12| „Konverterring 39.500 kg“, 5,2 m Ø, auf einer Spitzendrehbank, 24.2.1925

13| „Zahnrad 4 m Ø mit gefrästen Winkelzähnen“, um 1900

14| „Schwungrad 4400 [mm] Ø 30.000 kg“, um 1900

15| „Dreifache Gussstahl-Kurbelwelle“ (Länge 9,6 m, Gewicht 41.000 kg), um 1880

16| „Schiffsruder Gew[icht] 22.000 kg in der Verpackung“, um 1900

17| Stahlformguss-Produkte, von links: Kompressorzylinder, Zahnrad, Kurbelwelle (am Kran), Treibscheibe (liegend), Schwungrad, 15.3.1923

18| Formen der Kerne für den Glockenguss, [1.5.]1924

19| „Revision und Zulegen der Glockenform“ (Ausschnitt), 1.5.1924

20| „Glockenmontierwerk“ (vorne auch Klöppel; Krananlage der Düsseldorfer Maschinenbau-AG vorm. J. Losenhausen, 1917), 1922

21| „Tonprüfung durch Aufsetzen der Stimmgabel“, 1.5.1924

22| Ziselieren der Sebastianusglocke für die Abteikirche in Otterberg, 1924

23| „Große Glocke für die Georgenkirche in Berlin“ (Stahlguss, 9.505 kg), 1897

24| Geläut für die Ev. Lutherkirche in Konstanz, auf einem Waggon der Bergisch-Märkischen Eisenbahngesellschaft, 1873

25| Abtransport der Glocken für die Meinolphuskirche in Bochum, 1926

26| Montage der Glocken mit einer Seilwinde auf der Meinolphuskirche in Bochum, 30.3.1926

FAHRZEUGE UND FAHRZEUGTEILE

Schon seit den 1850er-Jahren gehörten Eisenbahngesellschaften zu den wichtigsten Kunden des Bochumer Vereins. Das Bahnnetz dehnte sich damals rasant aus, riesige Märkte für Achsen, Federn, Kolben, Räder, Schienen, Weichen und Herzstücke entstanden, und der Bochumer Verein profitierte davon enorm, weil es ihm gelang, Qualität mit Massenproduktion zu verknüpfen. Radreifen und komplette Radsätze für Lokomotiven und Waggons vertrieb die Firma millionenfach. Auf gewalzte Radscheiben, die das Unternehmen im Wettbewerb durchsetzte, hielt es seit 1880 ein Patent. Die Kapazitäten der Räderfabrik betrugen schließlich monatlich bis zu 300 Radsätze für Lokomotiven und bis zu 3.000 für Wagen.[1] Neben den Rädern gehörten auch Federn zu den ältesten Produkten des Bochumer Vereins. Bereits für das Jahr 1858 ist eine Federnfabrik erwähnt. Abnehmer der Blatt-, Spiral- und Schraubenfedern war neben den Eisenbahngesellschaften auch der Maschinenbau. ➤ Abb. 4–6

Gezielt dehnte der Bochumer Verein sein Angebot als Zulieferer für die zahlreichen Eisenbahngesellschaften aus: Seit Mitte der 1860er-Jahre fertigte die Firma auch Schienen und 1886 baute sie eine eigene Weichenfabrik. Hier gelang der Firma auch eine wegweisende Innovation, die Federweiche, also eine Weiche mit federnder Zunge anstelle eines starren Gelenks. Dieser Weichentyp erwies sich nicht nur als sehr haltbar, sondern erhöhte auch die Betriebssicherheit deutlich. 1887 erfuhr das Angebot nochmals eine Erweiterung, als der Verwaltungsrat die Errichtung einer Werkstatt für Feld- und Forstbahnen genehmigte.[2] Auf dem Sektor der Klein- und Feldbahnen lieferte der Bochumer Verein komplette Lösungen, das heißt Lokomotiven, Wagen und Gleisanlagen einschließlich der Weichen. Die Nachfrage kam unter anderem vom Bergbau und von der Industrie, aber auch von der Landwirtschaft, selbst von Plantagen in Übersee. ➤ Abb. 13–19 ➤ Abb. 11

Auf diesen Erfahrungen basierend, begann das Unternehmen ab 1896, auch Waggons für den Normalspur-Eisenbahnbetrieb zu bauen. Die benötigten Radsätze, Beschlagteile, Federn und dergleichen konnte man ja aus bereits vorhandenen eigenen Werkstätten beziehen. Gleich im ersten Betriebsjahr verließen 736 Wagen das Werk,[3] was für großes Vertrauen der Abnehmer spricht. Offenbar bürgte der Bochumer Verein für Qualität, auch bei Produkten, für die ihm noch die Expertise fehlte. Mit hörbarem Stolz fasste das Unternehmen selbst zusammen: „Der erfolgreiche Wettbewerb mit anderen Waggonfabriken wird schon dadurch gewährleistet, daß der Bochumer Verein infolge seiner Unabhängigkeit von Unterlieferanten aller Art die gesamten Bauelemente, sowohl Radsätze mit Lagern als auch alles Walzeisen, Gußeisen und Stahlguß, Schmiedestücke und Beschlagteile, Federn, Schrauben, Nieten, Nägel und Bleche für alle Zwecke in kürzester Zeit entweder in eigenen Betrieben herstellen oder von den in der Erzeugung auf ihn eingestellten Werken des eingangs genannten Konzerns [Siemens-Rheinelbe-Schuckert-Union] beziehen kann."[4] Das klang beeindruckend – aber nur ein Jahr, nachdem diese Hymne komponiert worden war, lag der Waggonbau still. Seine Schließung erfolgte als eine der ersten Rationalisierungsmaßnahmen, nachdem der Bochumer Verein in den Vereinigten Stahlwerken aufgegangen war. ➤ Abb. 7–10

Dennoch: Mit guten Gründen kann man den Bochumer Verein um 1900 als „Eisenbahnfabrik" bezeichnen,[5] obwohl er den letzten Schritt nie wagte, auch Lokomotiven zu bauen. Fehlte das Kapital, misstraute man den eigenen Kompetenzen oder schienen die Märkte fest in der Hand etablierter Anbieter? Stattdessen investierte die Firma in den zukunftsträchtigen Automobilbau. Im Produktionsprogramm der zwanziger Jahre tauchten verstärkt Automobilteile auf, und für die Herstellung von Achsen, Kurbelwellen, Lenkhebeln oder Zahnrädern entstand eine spezialisierte Gesenkschmiede. Aus dem neuen Rohrziehwerk von 1921/22 kamen zum Beispiel Zylinderrohre für Automobile, und auch die 1920 erworbene Tochtergesellschaft in Haslach stellte vor allem Autoteile her.

➤ Abb. 1, 2

FOTOGRAFIEN VON FAHRZEUGEN UND FAHRZEUGTEILEN

Um gleichförmige, noch dazu eher unscheinbare Produkte zu überhöhen, stellte der Fotograf sie frei (nachdem sie vorher blank poliert worden waren) oder reihte sie zu Serien. Federn und Kurbelwellen, Schienen und Räder inspirierten ihn zu kunstvollen Arrangements, mit denen er auch Massenherstellung illustrieren konnte. Das war im Fall der Waggons und der Feldbahnen anders. Hier ging es eher um nüchterne Produktdokumentation der zahlreichen Einzelstücke.

➤ Abb. 1, 25
➤ Abb. 4

ANMERKUNGEN

1 Unsere Räderfabrik, in: Hütte und Schacht, Nr. 21, Nov. 1925, S. 4–5, hier S. 5.

2 Verwaltungsratssitzung, 4.8.1887, Punkt 5125: Historisches Archiv Krupp, WA 80/792.

3 Unsere Abteilung Waggonfabrik, in: Hütte und Schacht, Nr. 16, Aug. 1925, S. 4.

4 Broschüre „Bochumer Verein für Bergbau und Gußstahlfabrikation", [1925], S. XII-XIII: HAK, S 2, BV 1/8.

5 Rudzinski: Unternehmen, S. 55.

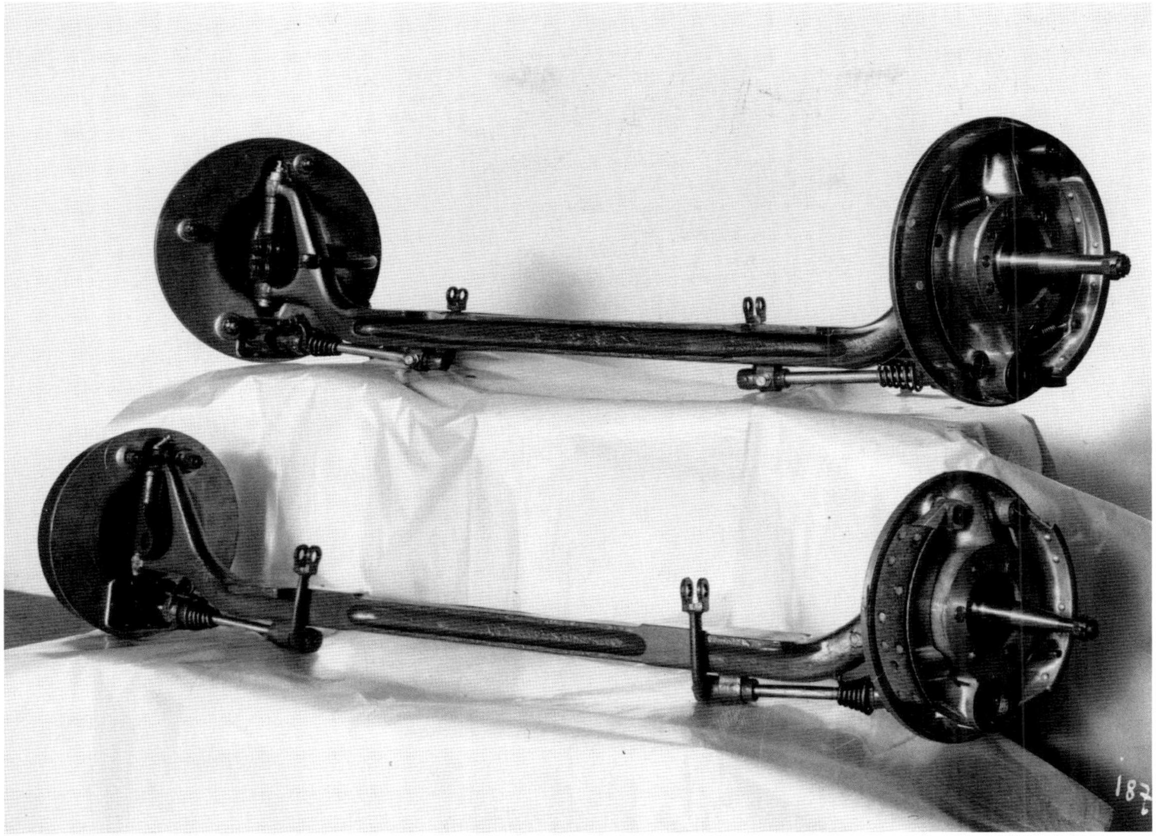

1| Achsen für Automobile, 18.12.1925

2| Achse für einen Opel 4 PS-Wagen (mit Bremer Kennzeichen) in der Montage, 1926

3| Erhitzen einer Vierzylinder-Kurbelwelle im Glühofen (rechts Gesenkschmiede), 1923

4| Blatt-, Spiral- und Schraubenfedern, 13.1.1925

5| „Tragfeder nach Werkzeichnung 3439", 7.11.1924

6| Blattfedern, vorne fertig montiert, hinten Produktionsmaschinen (Ausschnitt), 26.1.1925

7| „Kesselwagen [der Zeche Carolinenglück] für 15.000 kg Ladegewicht mit Bremse“, um 1913

8| „Eiserner Kohlentrichterwagen für 12.500 kg Ladegewicht mit Bremse“, um 1898

9| Straßenbahn-Waggon für die Ferrocarril Urbano de Molina, vermutl. in Chile, um 1915

10| Biertransportwagen für die Schlegel-Scharpenseel-Brauerei AG (Bochum) mit Handbremse und Kunze-Knorr-Bremse; Ladegewicht 15 t, 25.6.1925

11| „Feldbahnbau: Zusammenbau der Wagen“, um 1925

12| Spänewagen und -kasten, 1926

13 bis 18| Schienen und Weichen, um 1910

19| Schienenwalzwerk, um 1900

20| „Lokomotiv-Radreifen auf der Centrierpresse“ (in der Mitte hinten), um 1922

21| „6 t Hornhammer N. 22 zum Rundieren von Bandagen“, 1922

22| Drehbank für Lokomotiv-Radsätze, um 1910

23| „Messstände für Lokomotiv-Radsätze“, um 1910

24| „Radsatz-Verladehalle“, um 1910

25| „Verschiedene Zahnkranzkörper“, 22.5.1925

ZECHEN UND ANDERE TOCHTERBETRIEBE

Der Bochumer Verein entwickelte sich mit der Zeit zu einem voll ausgebildeten, „gemischten“ Montankonzern, der von der Rohstoffgewinnung bis zum Endprodukt alle Stufen der Fertigung in sich vereinte. Dieser Entwicklungspfad war für die Stahlunternehmen im letzten Drittel des 19. Jahrhunderts typisch. Es handelte sich um einen allgemeinen Trend, hinter dem der Wunsch nach höherer Rentabilität stand. Durch vertikale Integration verlängerten die Unternehmen nämlich ihre Wertschöpfungsketten.

KOHLE

Zunächst erwarb der Bochumer Verein Kohlezechen, und zwar 1868 auf dem Wege einer Zwangsversteigerung die in der Nähe des eigenen Werks gelegene, jedoch ziemlich abgewirtschaftete Zeche Ver. Maria Anna und Steinbank. Bis 1890 hatte der Bochumer Verein ➤ Abb. 1 außerdem fast alle Kuxe der Gewerkschaft Ver. Engelsburg, einer Nachbarin von Ver. Maria ➤ Abb. 3 Anna und Steinbank, aufgekauft. Doch erst mit dem Erwerb der Zeche Hasenwinkel bei Dahlhausen, ebenfalls im Jahr 1890, verfügte er über eine produktive Fettkohlengrube. 1904 stießen die Bochumer sowohl Maria Anna als auch Hasenwinkel wieder ab, denn vier Jahre zuvor hatten sie ein großes Bergwerk mit niedrigen Förderkosten übernommen, die Zeche Carolinenglück. Von Vorteil war dabei auch die Nähe, denn die Zeche befand sich nur drei Kilometer nordwestlich der Gussstahlfabrik. Seit 1911/12 verband eine Seilbahn Carolinenglück mit den Hochöfen. Der vorerst letzte Zukauf erfolgte 1907: die Gewerkschaft Teuto- ➤ Abb. 7 burgia in Börnig zwischen Castrop und Herne. Vier Jahre später konnte dort die Förderung ➤ Abb. 8 aufgenommen werden, lief allerdings aus wirtschaftlichen Gründen lediglich bis 1925. Als der Erste Weltkrieg ausbrach, beschäftigten die Kohlezechen des Bochumer Vereins insgesamt rund 6.000 Mann.

ROHEISEN UND ERZ

Ein weiterer entscheidender Schritt auf dem Weg zur vertikalen Integration war das Erschmelzen von Roheisen. 1872 kaufte der Bochumer Verein ein Hochofenwerk, die Mülheimer Hütte in Mülheim am Rhein (heute Ortsteil von Köln). Neben den zwei Hochöfen brachte die ➤ Abb. 9 Hütte – und das war langfristig erheblich wichtiger – mehrere Eisenerzgruben im Siegerland und im Nassauischen mit. Die Hochöfen blies man bereits 1874 aus; allzu unwirtschaftlich war der Betrieb, und ab 1876 produzierte das Bochumer Stammwerk selbst Roheisen.

In den folgenden Jahren vergrößerte der Bochumer Verein seinen Besitz an Eisenerzgruben. 1880/81 erwarb er die Eisensteinfelder Fentsch bei Algrange in Lothringen, aber erst 1900 be- ➤ Abb. 11 gann dort die Aufschließung. Danach wuchs Fentsch schnell zu einem prosperierenden Betrieb, der zeitweise mehr als 1.000 Menschen beschäftigte. Zwar machte der Bochumer Verein mit dieser Grube beträchtliche Ausbeuten und gute Gewinne, doch innerhalb des Konzerns blieb sie ein Nebenbetrieb, der „nicht organisch mit ihm verwuchs“.[1] Denn das ursprüngliche Ziel – Eisenerz für das Bochumer Werk zu beschaffen – war obsolet geworden, weil die Thomasstahlerzeugung ausgelaufen war und das lothringische Erz für die Erzeugung von Martin- und Bessemerstahl nicht taugte. Es musste deshalb auf dem freien Markt verkauft werden. Die Grube Fentsch fiel nach dem Ersten Weltkrieg der Enteignung deutscher Eigentümer zum Opfer. Unterdessen hatte der Bochumer Verein jedoch in Schweden in Eisenerzfelder investiert. Sein Bergwerksbesitz wurde vervollständigt durch Quarzitbrüche (ab 1890 im Rheinland, 1907 und 1911 auch im Westerwald und 1923 bei Hannoversch Münden) und Kalksteinvorkommen (ab 1890 bei Wülfrath). Quarzit diente als Bestandteil zur feuerfesten Auskleidung der Hochöfen, und Kalk musste beim Erschmelzen von Roheisen zugesetzt werden. Während die Firma den Quarzit sofort abbaute, wartete sie damit beim Kalkstein bis 1921. Mit den Bergwerken sicherte der Bochumer Verein die Versorgung seines Stammwerks mit Rohstoffen und machte sich unabhängiger von Zulieferern, vor allem den ausländischen. Echte, volle Autonomie erreichte er aber allenfalls vorübergehend für kurze Zeitabschnitte.

STAHLVERARBEITUNG

Verglichen mit der vertikalen Integration blieb die horizontale weit zurück. Nur in Ausnahmefällen akquirierte der Bochumer Verein Wettbewerber, die ähnliche Produkte herstellten wie er selbst. Zuerst fiel sein Blick in unmittelbarer Nachbarschaft auf einen „lästigen Konkurrenten",[2] nämlich die florierende „Gesellschaft für Stahlindustrie". Die Werke grenzten aneinander, und die Produktionsprogramme überschnitten sich. Mit mehr als 900 Beschäftigten stellte die „Stahlindustrie" Stahl her und verarbeitete ihn weiter zu Eisenbahnmaterial, Maschinenteilen und dergleichen. 1889 kaufte der Bochumer Verein die Aktien auf, und zwar hauptsächlich von August Thyssen.[3]

Während Krupp in den 1890er-Jahren in den Schiffbau einstieg und sein Standbein im Maschinenbau stärkte, verzichtete der Bochumer Verein auf eine Diversifizierung seines Produktionsprogramms. Er setzte eher auf die Modernisierung der bestehenden Anlagen und auf seine organische Weiterentwicklung als Qualitätshersteller statt auf bedingungsloses Wachstum durch den Zukauf auswärtiger Werke. Marco Rudzinski sieht hier mit guten Gründen einen „Sonderweg".[4] Den verließ der Bochumer Verein nur selten, zum Beispiel mit dem Erwerb des Eisen- und Stahlwerks Wilhelm Haiss in Haslach 1920. Der Betrieb produzierte vor allem Teile für den zukunftsträchtigen Automobilbau. Mit rund 300 Beschäftigten handelte es sich allerdings nur um einen überschaubaren Mittelständler.

➤ Abb. 12

INVESTITIONEN IM AUSLAND

Möglicherweise scheute der Bochumer Verein größere Direktinvestionen, weil er mit dem Plan eines großen Wurfs schon einmal gescheitert war und noch lange unter diesem Trauma litt. Ende der 1880er-Jahre hatte er – anders als die meisten Montankonzerne an der Ruhr – im Ausland zu expandieren gehofft. 1887 beteiligte er sich mit 30 % an der Firma Tardy & Benech in Savona, am Golf von Genua. Mit diesem Eisen- und Stahlwerk wollte der Bochumer Verein den italienischen Absatzmarkt dauerhaft sichern, insbesondere durch Schienen für Eisenbahnen oder Erzeugnisse für den Maschinenbau. Das Engagement fiel zudem auf fruchtbaren politischen Boden, kooperierte Italien doch im so genannten Dreibund mit Deutschland und Österreich-Ungarn als Partner, was deutsche Investitionen in Italien erleichterte. Aber Finanzierungsengpässe durch eine Bankenkrise in Italien, Streiks, Verzögerungen bei Neubauten und Defizite in der Unternehmensorganisation belasteten das Engagement. Ökonomisch führte die Beteiligung zu einem Debakel und verursachte Millionenverluste. Nach wenigen Jahren stießen die Bochumer die Beteiligung wieder ab.

➤ Abb. 10

Auch das zweite Auslandsprojekt scheiterte. Ebenfalls 1887 hatte sich der Bochumer Verein an der Firma Portilla, White & Co. im spanischen Sevilla beteiligt. Kanonen und Lafetten sollten dort produziert werden. Wirklich profitabel arbeitete das Werk nie, so dass sich die Bochumer bis 1893 wieder zurückzogen. Diese Verlustgeschäfte im Ausland wirken symptomatisch: Mit fast allen seiner Außenwerke besaß der Bochumer Verein keine glückliche Hand. Freude bereiteten ihm nur wenige Bergwerke und die Gesellschaft für Stahlindustrie.

FOTOGRAFIEN DER TOCHTERBETRIEBE

Mit Ausnahme der Kohlezechen blieb die wirtschaftliche Bedeutung der Außenwerke für den Bochumer Verein eher gering. Noch geringer war ihre fotografische Rolle. Womöglich auch, weil sich mancher Tochterbetrieb als ökonomischer Reinfall entpuppte? Oder weil vorhandene Fotografien nach Stilllegung oder Verkauf der Werke vernichtet wurden, weil sie bedeutungslos geworden waren? Sicher ist nur, dass die Werksfotografen zu den nahe gelegenen Zechen reisten und Aufnahmen machten, zumeist Außenansichten der Gebäude. Was außerhalb des Ruhrgebiets geschah, ist kaum überliefert. Eine Ausnahme stellt Haslach dar, wo 1923 eine Serie von Fotografien entstand.[5]

Offenbar kümmerte sich auch niemand darum, die Konzernbeteiligungen von Fotografen vor Ort systematisch dokumentieren zu lassen. Nur in einem Fall ging die Direktion anders vor. Als Louis Baare auf der außerordentlichen Generalversammlung am 28. Februar 1889 über das spanische Investment referierte, legte er Fotografien vor, damit die Aktionäre „sich selbst ein Bild von dem Etablissement verschaffen" konnten – ein Indiz für den Aufmerksamkeitswert und die Überzeugungskraft des Mediums Fotografie. „Diese Abbildungen", vermerkte das Protokoll, „erregen Aufsehen und finden großen Beifall."[6] Im wahrsten Sinne des Wortes ging es also darum, dass sich die Anteilseigner ein Bild des Betriebes in Sevilla machen und den Sinn der Investition verstehen sollten. Der Erfolg dieser Kommunikationsstrategie („Beifall") konnte auf längere Sicht den ökonomischen Misserfolg aber nicht überdecken. Die Realität schlug das Bild. Die vier heute noch überlieferten Aufnahmen aus Sevilla[7] müssen jene sein, die Baare damals präsentierte.

➤ Abb. 10

ANMERKUNGEN

1 Däbritz: Bochumer Verein, S. 351.

2 Rudzinski: Unternehmen, S. 71.

3 Manfred Rasch: August Thyssen. Der katholische Großindustrielle der Wilhelminischen Epoche, in: ders., Gerald D. Feldman (Hg.): August Thyssen und Hugo Stinnes. Ein Briefwechsel 1898–1922, München 2003, S. 13–107, hier S. 84.

4 Rudzinski: Unternehmen, S. 73.

5 Meist nur noch als Abzug vorhanden, s. Historisches Archiv Krupp, F 45/56-1021 bis 56-1047.

6 „Auszug aus den Verhandlungen der am 28. Februar 1889 zu Bochum abgehaltenen außerordentlichen General-Versammlung der Actionaire des Bochumer Vereins für Bergbau- und Gußstahlfabrikation": Historisches Archiv Krupp, WA 80/675.

7 Historisches Archiv Krupp, F 8/2039 bis F 8/2042.

1| „Zeche Maria Anna & Steinbank. Schacht I. und II." mit Malakow-Turm, um 1875

2| Zeche Teutoburgia, Transportband, 23.9.1926

3| Zeche Engelsburg, um 1912

4| „Waggonkipper Kok[erei] C[arolinen]gl[ück]“, 2.3.1925

5| Zeche Carolinenglück, „Kohlenmischanlage im Rohbau“, 5.6.1924

6| Zeche Carolinenglück, „Kokskohlenmischanlage mit Transportbandbrücke“, 10.4.1926

7| Zeche Carolinenglück mit Benzolfabrik (links) und Seilbahn zur Gussstahlfabrik, um 1912

Zeche Teutoburgia

8| Zeche Teutoburgia, [Herne-]Börnig, um 1916

9| „Muelheimer Huette in Muelheim am Rhein“, 1872/73

10| „Talleres de Artilleria de los Sres. Portilla White y Ca. – Sevilla. Taller de Cañones” (Kanonenwerkstatt der Firma Portilla, White & Co. in Sevilla, Spanien), [1888]

11| Eisenerzgrube Fentsch, bei Algrange/Lothringen, 1910

12| Gebäudefront der Eisen- und Stahlwerke Haslach, 19.6.1923

IM UMKREIS DER PRODUKTION

HILFS- UND NEBENBETRIEBE: ENERGIE, VERKEHR, MATERIALWIRTSCHAFT

Die Funktionsfähigkeit eines Hüttenwerks hing von zahlreichen Hilfs- und Nebenbetrieben ab. Unerlässlich war eine systematische Lagerhaltung ebenso wie ein reibungsloser Transport auf dem Werksgelände. Und ohne geregelte, ungestörte Energieversorgung wäre an kontinuierliche Produktion gar nicht zu denken gewesen. Hinzu traten weniger offensichtliche Nebenbetriebe wie Ziegeleien, die den Grundstoff für Bau- und Reparaturtätigkeit bereitstellten. Auf dem Gelände des Thiemannshofes baute der Bochumer Verein 1872/73 eine Ringofen- (▸ Abb. 10) ziegelei. Überhaupt spielten Bauhandwerker im Betrieb eine nicht zu unterschätzende Rolle.

Zur Energieversorgung nutzte der Bochumer Verein anfangs ausschließlich Kohle bzw. Dampfkraft. 1869 erwarb das Unternehmen die alte städtische Gasanstalt; im selben Jahr gelang es auch, den immensen Wasserbedarf durch eine Leitung zur Ruhr sicher zu decken. Mit der Ausdehnung des Werks konzentrierte man die Kraftanlagen in eigenen Gebäuden: Durch Dampfmaschinen wurde entweder Gebläsewind erzeugt (im Dampfgebläsehaus, ab 1873) oder Strom (in der Dampfkraftzentrale, ab 1895). Beides lieferte auch die 1903 errichtete, später mehrfach erweiterte Gaskraftzentrale, allerdings nun auf Basis von Gasmotoren. (▸ Abb. 2, 4, 5) Die Gaskraftzentrale geht im Kern, besonders in ihrer Stahlkonstruktion, auf die Halle des Bochumer Vereins auf der Düsseldorfer Industrie- und Gewerbeausstellung von 1902 zurück und genießt mittlerweile unter der Bezeichnung „Jahrhunderthalle“ überregionale Bekanntheit als Kultur- und Veranstaltungszentrum. Die Turbinenzentrale von 1917 produzierte mit (▸ Abb. 8, 9) zwei Dampfturbinen nur Strom; die Maschinenleistung betrug schließlich 46.000 PS.[1] Groß dimensionierte Schaltanlagen verteilten die Elektrizität auf die einzelnen Betriebe und Werkstätten. Der Strom trieb Motoren an und sorgte für Beleuchtung.

Schon im 19. Jahrhundert war unter den Eisenhüttenleuten ein Bewusstsein für nachhaltige Kreislaufwirtschaft vorhanden, brachte dies doch handfeste ökonomische Vorteile. Man sparte Kohle oder Gas als Brennstoffe, wenn man die in der Hütte anfallenden Nebenprodukte effizient wiederverwertete: Ammoniak, Teer, Benzol, vor allem aber Gas, das in den Hochöfen anfiel. Ein Recycling setzte jedoch die Reinigung des Gases voraus – direkt am Hochofen, anfänglich nass, später mit Trockenfiltern – und dessen Zwischenspeicherung in Gasometern. Am Ende ging das Hochofengas entweder zurück in den Produktionsprozess, diente der Beheizung oder wurde in Elektrizität umgewandelt. Darüber hinaus diente das gereinigte Gas noch der Beleuchtung und dem Kochen in Siedlungen wie Stahlhausen. Die technische Steuerung und Überwachung der komplexen Energie- bzw. Wärmewirtschaft geschah durch die sog. Wärmestelle. Sie sorgte auch dafür, dass Abwärme aus der Produktion, soweit möglich, in ein Fernheizwerk geleitet wurde, wo sie Wasser erhitzte. Nach eigenen Angaben war das Fernheizwerk des Bochumer Vereins 1926 in der Leistung das größte auf (▸ Abb. 7) dem europäischen Kontinent.[2]

Ebenso komplex wie die Energieversorgung war der Werksverkehr. In der Anfangszeit des Bochumer Vereins übernahmen ausschließlich Pferdefuhrwerke die Transporte. In Einzel- (▸ Abb. 14) fällen griff man noch bis in die 1920er-Jahre auf dieses Transportmittel zurück. Relativ spät,

1867, erfolgte der erste Anschluss an das Bahnnetz, und zwar an die Bergisch-Märkische Bahnstrecke bzw. den heutigen Hauptbahnhof. Sieben Jahre später baute die Firma ein Anschlussgleis an die Strecke Wattenscheid-Hörde der Rheinischen Bahngesellschaft. Hinzu kamen Anschlüsse der Zechen an die Bahnlinien. Die Verkehrslage des Unternehmens blieb jedoch ein Standortnachteil. 1926 umfassten die Gleisanlagen des Bochumer Vereins 87 Kilometer Normal- und 36,5 Kilometer Schmalspur. Rund 1.000 Waggons waren im Einsatz, gezogen von Dampf- und neuen elektrischen Lokomotiven.[3]

➤ Abb. 12, 13

Angesichts der schwierigen topographischen Verhältnisse, insbesondere der gravierenden Höhenunterschiede auf dem Werksgelände, nutzte das Unternehmen auch zwei außergewöhnliche Bahntypen: Eine Zahnradbahn verband seit 1890 die Gussstahlfabrik mit der übernommenen „Gesellschaft für Stahlindustrie", und eine Seilbahn fuhr seit 1913 zwischen der Zeche Carolinenglück und den Hochöfen.

FOTOGRAFIEN DER NEBENBETRIEBE

Die meisten Hilfs- und Nebenbetriebe wurden von der Fotografie nur sporadisch erfasst, wohl weil sie zu alltäglich, zu selbstverständlich und zu wenig werbewirksam waren und sich der Bochumer Verein in dieser Richtung nicht von anderen Großunternehmen unterschied. Eisenbahnfreunde bedauern noch heute, dass die Werksbahnen nie planmäßig fotografiert wurden. Gleisanlagen, Lokomotiven und Waggons kamen eher zufällig ins Bild. Die stärkste Aufmerksamkeit galt noch der Kraftversorgung, wo imposante Gebäude und Maschinen eine Geschichte von Größe und Innovationskraft zu beglaubigen imstande waren. Die Bilder sind meist nüchtern und von hoher Detailgenauigkeit; wichtig sind dem Fotografen die Maschinen, nicht die Menschen, die sie bedienen.

➤ Abb. 1

In Anbetracht der schwachen fotografischen Bedeutung der Hilfs- und Nebenbetriebe wirkt es geradezu paradox, dass zwei Fotografien von Werkshöfen bzw. Materiallagern unter freiem Himmel zu den ältesten erhaltenen Aufnahmen des Bochumer Vereins zählen. Es handelt sich um sorgfältig geplante Szenerien, für die Arbeiter und Angestellte geschickt arrangiert und Bäume hineinretuschiert wurden.

ANMERKUNGEN

1 Die Unterscheidung der verschiedenen Einrichtungen nach Robeck: Hallen, S. 114. Zur Leistung siehe Elektrizitätserzeugung auf der Gußstahlfabrik, in: Hütte und Schacht, Nr. 15, August 1926, S. 5.

2 Kraft- und Wärmewirtschaft des Bochumer Vereins und des Werkes Höntrop, in: Hütte und Schacht, April 1926, Nr. 8, S. 4–5, hier S. 5.

3 Das Verkehrswesen, in: Hütte und Schacht, Nr. 9, Mai 1926, S. 5–6. Ausführlich zur Werksbahn Swoboda u. a.: Eisenbahn, S. 96–129.

1| Werkshof, 1865/70

2| Gaskraftzentrale, heute „Jahrhunderthalle“ (Blick von Süden), 24.6.1924

3| Schalthaus im Werk Höntrop, Dez. 1924

4| Längshalle der Gaskraftzentrale, heute „Jahrhunderthalle“, 24.6.1924

5| Gaskraftzentrale, heute „Jahrhunderthalle“ (mit Hinweis auf dem Schild, wonach die Halle auf das Ausstellungsgebäude von 1902 zurückgeht), 26.6.1926

6| Gasleitung und Fundamente der Gasometer des Werks Höntrop, 1923

7| Inneres der Fernheizzentrale, 1924

8| Dampfturbinenzentrale mit Schalttafel (zeitgen. Ausschnitt), 26.6.1926

9| Dampfturbinenzentrale mit Schalttafel und zwei Beschäftigten; die Aufnahme entstand wenige Minuten nach der obigen (zeitgen. Ausschnitt), 26.6.1926

10| Ringofenziegelei Thiemannshof mit den beiden Gasometern des Werks Höntrop (schräg rechts dahinter) und dem Modelllager (links), 1926

11| Absetzwagen in der Ringofenziegelei Thiemannshof, 1926

12| Werkslokomotive mit je einem Waggon für den Erz- und den Kokstransport vor der Hochofenanlage, 1922

13| Bau der sog. Erzbahn zur Anbindung des Werks an den Hafen Grimberg (Umladen des Schüttgutes auf Loren), 27.3.1926

2039

14| Pferdekarren als Transportmittel (rechts ein leitender Angestellter in einer Kutsche), 1926

WISSENSBETRIEBE: VERWALTUNG, AUSBILDUNG, FORSCHUNG

Über das innere Getriebe des Bochumer Vereins, sprich seine kaufmännische und technische Verwaltung, weiß man wenig, obwohl das „Direktions-, Aufsichts- und Rechnungspersonal“ 1872/73 immerhin 250 Köpfe zählte.[1] 1875 baute die Firma eine neue Hauptverwaltung auf der südlichen Seite der Alleestraße; auf der anderen Straßenseite lagen die technischen Büros sowie der Haupteingang ins Werk. ➤ Abb. 2, 3

Die Verwaltung steuerte auch die Lehrlingsausbildung. Fachlich versierte Beschäftigte waren für einen Qualitätsproduzenten essentiell. Trotzdem kam es erst in der Weimarer Republik zu einer planmäßigen Ausbildung von männlichen Facharbeitern.[2] Seit 1920 bildete der Bochumer Verein nach Lehrplänen aus. ➤ Abb. 5–8 Außerdem richtete er eine Lehrwerkstatt ein, in der das erste Jahr der Ausbildung stattfand. Zuvor hatten sich Bewerber einer Eignungsprüfung zu unterziehen. Nach ihrer Zeit in der Lehrwerkstatt arbeiteten die Lehrlinge drei Jahre in den Werkstätten, um schließlich Dreher, Fräser oder Schlosser, Schreiner oder Elektriker zu werden. Zwei Stunden pro Woche waren für Sport reserviert. 1925 und 1926 fanden Ausstellungen von Lehrlingsarbeiten statt. Der Leistungsgedanke wurde hochgehalten, und herausragende Lehrlinge erhielten Auszeichnungen. Dabei zählten neben fachlichen Qualitäten auch Tugenden wie Fleiß oder gutes Betragen.

Betriebliche Forschung und Materialprüfung waren ebenso wichtig für Stabilität und Existenz des Unternehmens wie hoch qualifizierter Nachwuchs. Anfangs hatten Praxis und Empirie, Versuch und Irrtum die Stahlindustrie geprägt. Das änderte sich im letzten Drittel des 19. Jahrhunderts mit dem rasanten Aufschwung der Naturwissenschaften und der Metallurgie. Wie sich Eisen und Stahl zusammensetzten und wie sich die einzelnen Bearbeitungsverfahren auswirkten, ließ sich jetzt theoretisch durchdringen. Die Wissenschaft zog in die Stahlwerke ein. Produktionsprozesse konnten besser gesteuert, eine gleichbleibende Qualität erreicht werden.

Der Bochumer Verein ließ anfallende Analysen zunächst von einem freien Chemiker ausführen, bevor die Firma 1865 ein eigenes Laboratorium gründete, das schnell expandierte und mehrfach in neue, größere Räume umzog.[3] Das Chemische Laboratorium prüfte insbesondere die Rohstoffe, also Erze und Koks, aber auch das im Hochofen erschmolzene Roheisen und zunehmend auch Stahl. Doch darum kümmerten sich noch weitere Einrichtungen der Firma. Unmittelbar nach der Produktion wurden hochwertige Stähle einer Revision unterzogen. Die Versuchsanstalt führte Festigkeits- und Schlagproben sowie weitere physikalische ➤ Abb. 18, 19 Tests durch, unter anderem auf elektrischen Leitwiderstand, auf Dichte, Wärmeleitfähigkeit oder magnetische Eigenschaften. Mit Hilfe der Mikroskopie, in 100- bis 500-facher Vergrößerung, wurde das Gefüge der Stähle analysiert.

Im Betriebsteil „Stahlindustrie“ arbeitete ebenfalls eine Versuchsanstalt sowie noch eine Abteilung mit den Namen „Stahlkontrolle“, die Erfahrungen insbesondere mit Edelstahl sammelte, Wünsche und Reklamationen der Kunden aufgriff, Ideen für neue Sorten entwickelte, Patentanmeldungen kontrollierte und ihre Arbeitsergebnisse mehrfach auch publizierte. Schließlich entstand in den Zwanziger Jahren noch eine neue metallurgische Versuchsschmelze.

FOTOGRAFIEN DER WISSENSBETRIEBE

Fotografien der „Wissensbetriebe“ stammen fast ausschließlich aus der Zeit nach dem Ersten Weltkrieg. Ganz vernachlässigt wurde die Dokumentation der alltäglichen kaufmännischen und technischen Verwaltungsarbeit. Aufnahmen aus den Büros existieren nicht. Dagegen sind Ausbildung und Forschung zumindest in Teilen fotografiert worden. Einige Bilder zeigen Ausbildungsräume, Lehrlinge an Werkbänken oder beim Sport.

➤ Abb. 5, 8

Zu sehen sind auch Wissenschaftler und Assistenten in den Laboren und Versuchsanstalten. Fotografie erfüllte aber in der Forschung noch eine ganz andere Aufgabe, war das wissenschaftliche Bild doch gleichermaßen Arbeitsmittel wie Erkenntnisinstrument. Fotografien von Stahlschliffen, Gefügeuntersuchungen oder Schlagproben halfen dabei, die Produktion zu verbessern und waren Beweismittel bei Reklamationen von Kunden.

➤ Abb. 18

➤ Abb. 9, 10

ANMERKUNGEN

1 Däbritz: Bochumer Verein, S. 143.

2 Siehe zum Folgenden: Unsere Lehrlinge, in: Hütte und Schacht Nr. 8, April 1925, S. 7; Unsere Lehrlingsarbeitenausstellung Ostern 1926, in: Hütte und Schacht, Nr. 8, April 1926, S. 1.

3 Manuskript „Laboratorium“, um 1933: Historisches Archiv Krupp, WA 80/2736. Verwaltungsratssitzung vom 30.6.1865, Punkte 1882 und 1883: Historisches Archiv Krupp, WA 80/786.

1| Buchbinderei, 16.4.1925

2| Hauptportal des Bochumer Vereins an der Alleestraße, geschmückt mit einer Büste Kaiser Wilhelms II. und elektrischer Lichterkette, vermutlich zur 50-Jahr-Feier der Firma, [1904]

LITERATURVERZEICHNIS

A Zur Geschichte des Bochumer Vereins vor 1930

Die Arbeiterwohnungen des Bochumer Vereins für Bergbau und Gußstahlfabrikation zu Bochum in Westfalen, Berlin 1883. (Historisches Archiv Krupp: S 1, AW 1.26)

Walter Bacmeister: Louis Baare. Ein westfälischer Wirtschaftsführer aus der Bismarckzeit, Essen 1937.

Walther Bertram: Jacob Mayer. Der Erfinder des Stahlformgusses. Zur Wiederkehr seines Geburtstages am 1. Mai 1938, Berlin 1938.

Walther Bertram: Jacob Mayer (1813–1875), in: Rheinisch-Westfälische Wirtschaftsbiographien, Bd. 6, Münster 1954, S. 36–59.

Andrea Bienk: Die Geschichte des „Bochumer Vereins" von der Gründung im Jahr 1854 bis zur Gründerkrise im Jahr 1880, Magisterarbeit, Bochum 1991. (Historisches Archiv Krupp: S 1, AW 1.17)

Bochumer Verein für Bergbau & Gussstahl-Fabrikation, Bochum, Westphalen, o. O. 1878/80 (Historisches Archiv Krupp: S 2, BV 1/11)

Der Bochumer Verein für Bergbau und Gußstahlfabrikation, in: Die Industrie 10 (1891), Nr. 21 vom 14.10.1891, S. 327–334.

Bochumer Verein für Bergbau und Gussstahlfabrikation, Bochum, Westfalen, o. O. 1896. (Historisches Archiv Krupp: S 2, BV 1/6)

Bochumer Verein für Bergbau und Gussstahlfabrikation, in: Die industriellen Werke Deutschlands. Geschichtliche Darstellung ihrer Entstehung und Entwicklung bis zum gegenwärtigen Stande ihrer Ausdehnung nebst einer Beschreibung ihrer Erzeugnisse, Bd. 1, Bochum 1900, S. 1–9.

Bochumer Verein für Bergbau und Gußstahlfabrikation Bochum, Leipzig [1925]. (Historisches Archiv Krupp: S 1, AW 1.25)

David Crew: Bochum. Sozialgeschichte einer Industriestadt 1860–1914, Frankfurt a. M. u. a. 1980.

Walther Däbritz: Bochumer Verein für Bergbau und Gusstahlfabrikation (sic!) in Bochum. Neun Jahrzehnte seiner Geschichte im Rahmen der Wirtschaft des Ruhrbezirks, Düsseldorf 1934.

Deutschlands große Werkstätten. Der Bochumer Verein, in: Die Gartenlaube 23 (1875), S. 541–546.

Wilfried Feldenkirchen: Die Eisen- und Stahlindustrie des Ruhrgebiets 1879–1914. Wachstum, Finanzierung und Struktur ihrer Großunternehmen, Wiesbaden 1982.

Christine Ferreau: Arbeit und Herrschaft. Industrielle Beziehungen am Beispiel des „Bochumer Verein für Bergbau und Gussstahlfabrikation", Magisterarbeit, Bochum 1992. (Historisches Archiv Krupp: S 1, AW 1.19)

Gußstahlwerk Bochumer Verein (Hg.): 100 Jahre Stahlformguß. Bochum [ca.1952]. (Historisches Archiv Krupp: S 1, AW 1.7)

Peter Hertner: Auslandsinvestitionen und industrielle Entwicklung Italiens. Die Metallgesellschaft Tardy & Benech aus Savona, 1887–1892, Benzone 2003.

Susanne Hilger: Sozialpolitik und Organisation. Formen betrieblicher Sozialpolitik in der rheinisch-westfälischen Eisen- und Stahlindustrie seit der Mitte des 19. Jahrhunderts bis 1933, Stuttgart 1996.

Evelyn Kroker: Die Weltausstellungen im 19. Jahrhundert. Industrieller Leistungsnachweis, Konkurrenzverhalten und Kommunikationsfunktion unter Berücksichtigung der Montanindustrie des Ruhrgebietes zwischen 1851 und 1880, Göttingen 1975.

Paul Küppers: Bochumer Guss. Ein Beitrag zur rheinisch-westfälischen Wirtschaftsgeschichte, Typoskript, Bochum 1931.

Paul Küppers: Louis Baare, in: Rheinisch-Westfälische Wirtschaftsbiographien, Bd. 1, Münster 1932, S. 230–245.

Jürgen Lindenlaub: Die Finanzierung des Aufstiegs von Krupp. Die Personengesellschaft Krupp im Vergleich zu den Kapitalgesellschaften Bochumer Verein, Hoerder Verein und Phoenix 1850 bis 1880, Essen 2006.

Gregor Rauh: Louis Baare – sein Bochum und sein Bochumer Verein, hg. von der Stadt Bochum, Bochum 1997. (Historisches Archiv Krupp: S 1, AW 1.24)

Ulrike Robeck: Die älteren Hallen des Bochumer Vereins als Zweckbauten und Denkmale der Eisen- und Stahlindustrie, Mainz 2010.

Ulrike Robeck: Egon Erwin Kisch beim Bochumer Verein. Ein Versuch zum „Wesen des Reporters", Essen 2010.

Marco Rudzinski: Jacob Mayer und Bochum. Ein Beitrag zu einem schwierigen Verhältnis, in: Bochumer Zeitpunkte Nr. 31, 2014, S. 20–36.

Marco Rudzinski: Jacob Mayer – Ein Pionier des Stahlzeitalters, in: Dietmar Petzina (Hg.): Industriepioniere im Ruhrgebiet. Jacob Mayer und William Thomas Mulvany, Bochum 2014, S. 9–29.

Marco Rudzinski: Die Kolonie Stahlhausen und ihre Töchter. Formen des Werkswohnungsbaus und städtebauliche Zusammenhänge in Bochum, in: Bochumer Zeitpunkte, Nr. 28, 2012, S. 3–15.

Marco Rudzinski: Ein Unternehmen und „seine" Stadt. Der Bochumer Verein und Bochum vor dem Ersten Weltkrieg, Essen 2012.

Marco Rudzinski: Otto von Bismarck und Louis Baare, in: Michael Epkenhans, Ulrich von Hehl (Hg.): Otto von Bismarck und die Wirtschaft, Paderborn u. a. 2013, S. 163–184.

Marco Rudzinski: Schwerindustrielles Unternehmen und Kommune. Ein Beitrag zu einem vernachlässigten Feld der Unternehmensgeschichte, in: Akkumulation Nr. 22, 2005, S. 29–44.

Lars Ulrich Scholl: Ingenieure in der Frühindustrialisierung. Staatliche und private Techniker im Königreich Hannover und an der Ruhr (1815–1873), Göttingen 1978.

Rudolf Schwenger: Die betriebliche Sozialpolitik in der westdeutschen Großeisenindustrie, München/Leipzig 1934.

Gustav-Hermann Seebold: Ein Stahlkonzern im Dritten Reich. Der Bochumer Verein 1927–1945, Wuppertal 1981.

Soziale Arbeit. Bochumer Verein für Gußstahlfabrikation, Bochum [ca. 1942]. (Historisches Archiv Krupp: S 1, AW 1.5)

Ralf Stremmel: Scharf, Felix Anton Josef, in: Neue Deutsche Biographie, Bd. 22, Berlin 2005, S. 568–569.

Ralf Stremmel: Jacob Mayer (1813–1875). Vom Bauernsohn zum Industriepionier, in: Stahl und Eisen 133 (2013), S. 87–90.

Rolf Swoboda, Harald Vogelsang, Wolfgang Klee: Die Eisenbahn in Bochum, Hövelhof 2007.

Vereinigte Stahlwerke Aktiengesellschaft: Bochumer Verein, Bochum, Westphalia, o. O. [ca. 1935]. (Historisches Archiv Krupp: S 2, BV 1/12(e))

Wolfhard Weber: Walter Borbet (1881–1942), in: ders. (Hg.): Ingenieure im Ruhrgebiet, Münster 1999, S. 224–256.

Thomas Welskopp: Arbeit und Macht im Hüttenwerk. Arbeits- und industrielle Beziehungen in der deutschen und amerikanischen Eisen- und Stahlindustrie von den 1860er bis zu den 1930er Jahren, Bonn 1994.

Thomas Welskopp: Betriebliche Sozialpolitik im 19. und frühen 20. Jahrhundert. Eine Diskussion neuerer Forschungen und Konzepte [...], in: Archiv für Sozialgeschichte 34 (1994), S. 333–374.

Ulrich Wengenroth: Unternehmensstrategien und technischer Fortschritt. Die deutsche und britische Stahlindustrie 1865–1895, Göttingen/Zürich 1986.

Barbara Wolbring: Krupp und die Öffentlichkeit im 19. Jahrhundert. Selbstdarstellung, öffentliche Wahrnehmung und gesellschaftliche Kommunikation, München 2000.

A. Zeller, Gustav Koepper: Der Bochumer Verein für Bergbau und Gußstahlfabrikation, in: Gustav Koepper (Hg.): In Schacht und Hütte. Die Industrie des Ruhrkohlen-Bezirks und benachbarter Gebiete, Reutlingen 1912, S. 317–325.

Ulrich Zumdick: Hüttenarbeiter im Ruhrgebiet. Die Belegschaft der Phoenix-Hütte in Duisburg-Laar 1853–1914, Stuttgart 1990.

B Zur Geschichte der (Industrie-)Fotografie vor 1930

Willfried Baatz: Geschichte der Fotografie. Ein Schnellkurs, Köln 2008.
Karin Dahm-Zeppenfeld: Feuerarbeit. Bilder aus der Dortmunder Hüttenindustrie 1850–1950, Essen 1998.
Alain Dewerpe: Spiegelbilder der Fabriken: Industriephotographie und Organisation der Arbeit bei Ansaldo (1900–1920), in: Photographie und Gesellschaft. Zeitschrift für photographische Imagologie 2 (1989), S. 14–42.
Peter Döring, Theo Horstmann (Hg.): Revier unter Strom. Fotografien zur Elektrizitätsgeschichte des Ruhrgebiets, Essen 2010.
Karl-Peter Ellerbrock (Red.): Profile. Typen der Arbeitswelt in der historischen Werksfotografie, hg. von der Fried. Krupp AG Hoesch-Krupp, Essen 1994.
Michael Farrenkopf: Mythos Kohle. Der Ruhrbergbau in historischen Fotografien aus dem Bergbau-Archiv Bochum, Münster 2009.
Manuela Fellner-Feldhaus: Von der Auftrags- zur Werksfotografie. Die bildliche Überlieferung des Bochumer Vereins für Gussstahlfabrikation, in: Westfälische Forschungen 58 (2008), S. 87–105.
Theo Horstmann (Hg.): Elektrifizierung in Westfalen. Fotodokumente aus dem Archiv der VEW, 2. überarb. und erw. Auflage, Essen 2000.
Industriezeit. Fotografien 1845–2010, Tübingen/Berlin 2011.
Jens Jäger: Fotografie und Geschichte, Frankfurt a. M. 2009.
Wolfgang Kemp: Geschichte der Fotografie. Von Daguerre bis Gursky, München 2011.
Lisa Kosok, Stefan Rahner (Hg.): Industrie und Fotografie. Sammlungen in Hamburger Unternehmensarchiven, Hamburg/München 1999.
Krupp. Fotografien aus zwei Jahrhunderten, hg. von der Alfried Krupp von Bohlen und Halbach-Stiftung, Berlin/München 2011.
Lieselotte Kugler (Hg.): Die AEG im Bild, Berlin 2000.
Reinhard Matz: Industriefotografie. Aus Firmenarchiven des Ruhrgebiets, Essen 1987.
David E. Nye: Image Worlds. Corporate Identities at General Electric, 1890–1930, Cambridge/Mass. und London 1985.
Gerhard Paul (Hg.): Das Jahrhundert der Bilder, Bd. 1: 1900 bis 1949, Bonn 2009.
Sigrid Schneider (Hg.): Schwarzweiß und Farbe. Das Ruhrgebiet in der Fotografie, Bottrop/Essen 2000.
Stephan Sensen: Fotografie für die Industrie: Das Beispiel Gutehoffnungshütte 1864–1992, in: Akkumulation Nr. 3, 1993, S. 1–6.
Stromzeiten. Pionierleistungen der Elektrotechnik. Fotografien aus dem Siemens Historical Institute, Berlin/München 2014.
Klaus Tenfelde (Hg.): Bilder von Krupp. Fotografie und Geschichte im Industriezeitalter, München 1994, 2. Aufl. München 2000.
Burkhard Zeppenfeld: Die Werksfotografie der Gutehoffnungshütte. Ein bisher kaum beachteter historischer Fotobestand, in: Manfred Rasch, Dietmar Bleidick (Hg.): Technikgeschichte im Ruhrgebiet. Technikgeschichte für das Ruhrgebiet, Essen 2004, S. 219–231.

ABBILDUNGSVERZEICHNIS

Das Abbildungsverzeichnis nennt – jeweils in dieser Reihenfolge – den Titel der Fotografie (zeitgenössische Titel in Anführungszeichen), eine Datierung, den Fotografen, die Überlieferungsform („Glasplatte" ist dabei immer als Negativ zu verstehen, „Abzug" als zeitgenössischer Abzug vom Negativ, „Reproduktion" als späterer Abzug von einer unbekannten Vorlage), das Format (Breite x Höhe in cm), die Signatur im Historischen Archiv Krupp und zeitgenössische Veröffentlichungsorte (soweit nachzuweisen). Eckige Klammern und das Wörtchen „um" zeigen Zuschreibungen durch den Verfasser an.

Umschlag: 6-Tonnen-Dampfhammer und Messung der Temperatur des Schmiedestücks durch den Mann mit Hut (vorne) mit einem Pyrometer, 9.9.1924, Fotograf: Ernst Topp, Glasplatte, 18 x 24 cm, F 45/1331

Frontispiz: Schwungrad von 4,5 Meter Durchmesser und 40 Tonnen Gewicht, 4.7.1925, Fotograf: Ernst Topp, Glasplatte, 18 x 24 cm, F 45/1731

ABBILDUNGEN AUF SEITE 11 BIS 25

Abb. 1: Jacob Mayer, um 1870, Fotograf: Joseph Te Niersen (Bochum), Carte-de-visite, 6,5 x 10,3 cm (mit Karton), F 8/582

Abb. 2: Briefkopf der Gussstahlfabrik Mayer & Kühne (Ausschnitt), 1847, Reproduktion, 21,6 x 12,5 cm, F 8/79

Abb. 3: Louis Baare, um 1885, Fotograf: Ernst Pflanz (Marienbad), Carte cabinet, 9,6 x 14,5 cm (10,6 x 16,3 cm mit Karton), F 8/586

Abb. 4: Postkarte „Hochofenanlage des Bochumer Vereins", gelaufen 1903, Verlag Theodor Schnitzler (Düsseldorf), Postkarte, 14 x 8,9 cm, S 6/37.8

Abb. 5: Frauenarbeit im Ersten Weltkrieg: Herstellung von Gliederriemen (Ausschnitt), um 1916, Glasplatte, 24 x 18 cm, F 45/101

Abb. 6: Fußballmannschaften der Lehrlingssportabteilungen des Bochumer Vereins und der Gelsenkirchener Bergwerks-AG (Freundschaftsspiel 1:6), 1.3.1925, Fotograf: Ernst Topp, Glasplatte, 24 x 18 cm, F 45/1578, Abdruck in: Hütte und Schacht, Nr. 5, März 1925, S. 7

Abb. 7: Walter Borbet, um 1925, Abzug, 17,9 x 24 cm, F 8/405

Abb. 8: Stand mit Produkten des Bochumer Vereins auf der „Deutschen Verkehrsausstellung" in München, 1925, Glasplatte, 24 x 18 cm, F 45/1823

Abb. 9: Siemens-Martin-Stahlwerk in Höntrop mit den Signets der Vereinigte Stahlwerke AG (links) und des Bochumer Vereins für Gussstahlfabrikation (rechts), um 1930, Abzug, 38,7 x 29,4 cm, F 8/286

Abb. 10: „Hauptansicht der Gußstahlfabrik" von Norden, aus Sicht der Hochöfen (links Hammerwerk II, in der Mitte im Hintergrund das Siemens-Martin-Werk, davor das Kesselhaus, rechts daneben die Gebläsehalle, zu der Gasleitungen führen, ganz rechts der Kühlteich, im Vordergrund rechts die Erzlager mit Hochbahn), 1884, Fotograf: Anselm Schmitz (Köln), Abzug, zweiteilig, gesamt 98,2 x 29,5 cm (124,7 x 47 cm mit Karton), F 8/2 (Album), Abdruck in: Die Industrie, 10. Jg., Nr. 21 vom 14.10.1891, S. 328

Abb. 11: „Gußstahlfabrik. Bochum. 1865", Aufnahme von Südosten, wahrsch. vom Turm der Marienkirche (im Vordergrund die Anschlussbahn zur Bergisch-Märkischen Bahnstrecke, im Hintergrund links verschwommen Häuser der Siedlung Stahlhausen, daneben die Kanonenwerkstatt und die Gasfabrik; mit xx im Hintergrund als 2. Haus von rechts gekennzeichnet Wohnhaus von Louis Baare, zwischen den beiden höchsten Schornsteinen im Bildzentrum das Bessemer-Stahlwerk, rechts daneben der Haupteingang der Fabrik, weiter rechts die Eisengießerei); vorn Schubkarren auf den Feldern, in der rechten Mitte Wäsche auf der Leine. Der Rauch der Schornsteine wurde ins Bild retuschiert, [1868], Abzug, 28,1 x 22,6 cm (31,7 x 26,6 cm mit Karton), F 8/216

Abb. 12: Bahnanlage der Zeche Carolinenglück mit Gasleitung und „Glückauf-Siedlung" (im Hintergrund: links Zeche Engelsburg, Mitte Gasometer, rechts Werk Höntrop, ganz vorn Seilbahn zum Hauptwerk), 1.5.1925, Ernst Topp, Glasplatte, 24 x 18 cm, F 45/1665

Abb. 13: Blick von Nordwesten auf den Bochumer Verein mit der Hochofenanlage, wahrsch. von einem Gasometer (im Vordergrund links die Ev. Kirche an der von der Recke-Straße in Bochum-Hamme, in der Bildmitte Schlackenhalden, rechts eine Ziegelei, im Hintergrund rechts die aufgeständerte Gasleitung zwischen dem Bochumer Stammwerk und dem neuen Werk in Höntrop, halb rechts die Seilbahn zur Zeche Carolinenglück), 1.5.1925, Fotograf: Ernst Topp, Glasplatte, 24 x 18 cm, F 45/1666

Abb. 14: Blick von Osten auf den Bochumer Verein (rechts hinten die Hochofenanlage, in der Bildmitte der Glockenturm), 5.7.1923, Fotograf: Ernst Topp, Glasplatte, 24 x 18 cm, F 45/1062

Abb. 15: Blick von Südosten auf den Bochumer Verein (ganz im Hintergrund in der Bildmitte die Hochofenanlage), 1926, Glasplatte, 24 x 18 cm, F 45/2216

Abb. 16: Werk Höntrop im Bau, aufgenommen vom neuen Verwaltungsgebäude (von links: Baustelle des Siemens-Martin-Stahlwerks, Mannschaftsgebäude, Akkumulatorenturm, Pumpenhaus, drei Hallen des Röhrenwalzwerks, Adjustagehallen), 10.4.1923, Abzug, 45,2 x 15,6 cm, F 8/27 (Album)

ABBILDUNGEN AUF SEITE 27 BIS 49

Abb. 1: Glasplatten-Negative des Bochumer Vereins im Historischen Archiv Krupp vor endgültiger Bearbeitung, 2015, Fotografen: Vanessa Arms und Anne Stoll, Digitalisat einer Analogfotografie (farbig), WA 16 t 31.4

Abb. 2: Maschinenteile. Auf der Glasplatte finden sich Abklebungen mit handschriftlichen Hinweisen für Ausschnitt und Format des gewünschten Abzuges, um 1910, Glasplatte, 24 x 18 cm, F 45/980

Abb. 3: Telefon, Serie SA 19 der Firma Siemens & Halske, E-Modell (zum Zeitpunkt der Aufnahme eine Neuheit), zeitgen. Ausschnitt, 24.6.1924, Fotograf: Ernst Topp, Glasplatte, 24 x 18 cm, F 45/1278

Abb. 4: Ernst Topp (1881–1932), Werksfotograf, um 1930, Reproduktion aus Hüttenzeitung, Nr. 20, Okt. 1932, S. 11

Abb. 5: Aufbau der Maschinen in der neuen Halle der Mechanischen Werkstatt II. Rechts ein „durchsichtiger" Arbeiter, der sich zu früh aus dem Bild bewegte, 30.11.1925, Fotograf: Ernst Topp, Glasplatte, 24 x 18 cm, F 45/1857

Abb. 6: Eisenbahnrad nach Schlagprobe, vor einer Werkshalle freigestellt für den Fotografen, um 1910, Glasplatte, 24 x 18 cm, F 45/90

Abb. 7: Titelblatt des Prachtalbums für den Verwaltungsratsvorsitzenden Jean Marie Heimann, 1879, farbige Zeichnung, 47 x 43,5 cm, F 8/3 (Album)

Abb. 8: Fotografie in der Fotografie: Präsentation des Bochumer Vereins auf der Düsseldorfer Industrie- und Gewerbeausstellung mit Aufnahmen aus dem Wohn- und Kosthaus Stahlhausen (Ausschnitt), 1902, Glasplatte, 24 x 18 cm, F 45/32

Abb. 9: Marktplatz in Haslach im Kinzigtal, 19.6.1923, Fotograf: Ernst Topp, Abzug, 23,1 x 17 cm, F 45/56–1035

Abb. 10: Gießhalle, um 1900, Glasplatte, 24 x 18 cm, F 45/4

Abb. 11: „Eisenkonstruktion der Walzhallen" im Werk Höntrop, 9.8.1923, Glasplatte, 24 x 18 cm, F 45/1071

Abb. 12: Zeche Carolinenglück mit Lagerplatz für Grubenholz (rechts), April 1925, Glasplatte, 24 x 18 cm, F 45/1664

Abb. 13: Kühltürme an der Hochofenanlage (vor den Hochöfen rechts die Spitzen der Cowper-Winderhitzer), 1922, Fotograf: Ernst Topp, Glasplatte, 24 x 18 cm, F 45/809

Abb. 14: Verladen einer Koepe-Scheibe (7 m Durchmesser, 25.000 kg Gewicht) auf einem Eisenbahnwaggon, um 1910, Glasplatte, 24 x 18 cm, F 45/54, Abdruck in: Broschüre „Bochumer Verein [...]" [1925], S. 34

Abb. 15: Mechanische Werkstatt mit Arbeitern und Angestellten, die technische Papiere studieren, um 1910, Glasplatte, 24 x 18 cm, F 45/850

Abb. 16: Arbeiter auf Scherenständer aus Stahlguss für die Maschinenfabrik Sack, Gewicht 24.000 kg, 24.3.1923, Fotograf: Ernst Topp, Glasplatte, 18 x 24 cm, F 45/985

Abb. 17: Arbeiter vor der Großen Glocke für die Georgenkirche in Berlin (Stahlguss, 9.505 kg), 1897, Glasplatte, 24 x 18 cm, F 45/136, Abdruck in: Die industriellen Werke Deutschlands, 1900, S. 9; Broschüre „Bochumer Verein [...]" [1925], S. 49

Abb. 18: „Hochofen- und Koksgasbehälter" mit Pferd sowie Schatten des Fotografen und seiner Kamera, 14.1.1925, Fotograf: Ernst Topp, Glasplatte, 24 x 18 cm, F 45/1478

Abb. 19: „Stahlfaçongussstücke", um 1885, Fotograf: Anselm Schmitz (Köln), Abzug, 19,7 x 13,1 cm (29 x 25 cm mit Karton), F 8/2168

Abb. 20: „Wagen- u. Tenderradsätze", um 1910, Glasplatte, 24 x 18 cm, F 45/75

Abb. 21: Kurbelwellen im Werk Haslach, 19.6.1923, Fotograf: Ernst Topp, Abzug, 22,9 x 15,8 cm, F 45/56–1024

Abb. 22: „Kaltwalzen von 50 mm Ballen Ø bis 550 [mm] Ø", 9.7.1925, Fotograf: Ernst Topp, Glasplatte, 24 x 18 cm, F 45/1738

Abb. 23: Hochofengerüst, 16.1.1925, Fotograf: Ernst Topp, Glasplatte, 18 x 24 cm, F 45/1480

Abb. 24: Trommelbremse eines Automobils, 11.5.1926, Fotograf: Ernst Topp, Abzug, 19,3 x 14,4 cm, F 45/6–2004

Abb. 25: „Spiral-Feder-Wickelmaschine", 1926, Glasplatte, 24 x 18 cm, F 45/2199

ABBILDUNGEN AUF SEITE 56 BIS 83

Abb. 1: Jacob Mayer (1813–1875), um 1865, Fotograf: Th. Dannenberg (Bad Oeynhausen), Abzug, oval, 8,5 x 11,5 cm, F 8/2104

Abb. 2: Agnes Mayer (1812–1900), um 1865, Fotograf: Th. Dannenberg (Bad Oeynhausen), Abzug, oval, 8,4 x 11,5 cm, F 8/583

Abb. 3: Gustav Brinck (1841–1887), Hochofendirektor, um 1885, Fotograf: Edmund Risse

(Bochum), Carte-de-Visite, 6,3 x 10,5 cm (mit Karton), F 8/647

Abb. 4: Ernst Elmering, Ingenieur im technischen Büro, um 1885, Fotograf: Ferd. Brandt (Elberfeld), Carte-de-Visite, 6,3 x 10,5 cm (mit Karton), F 8/630

Abb. 5: Franz Exmann, Verwalter des Kost- und Logierhauses, um 1885, Fotograf: Edmund Risse (Bochum), Carte-de-Visite, 6,3 x 10,5 cm (mit Karton), F 8/629

Abb. 6: Otto Helmholtz (1834–1919), Ober-Ingenieur und technischer Direktor, um 1885, Fotograf: Edmund Risse (Berlin), Carte-de-Visite, 6,3 x 10,5 cm (mit Karton), F 8/621

Abb. 7: Louis Capelle (1838–1922), Stahlwerks-Ingenieur und Chef der Werksfeuerwehr, um 1895, Fotograf: Arnold Overbeck (Düsseldorf), Carte-de-Visite, 6,6 x 10,6 cm (mit Karton), F 8/628

Abb. 8: Louis Leo, Ober-Ingenieur und technischer Direktor, um 1885, Fotograf: Edmund Risse (Bochum), Carte-de-Visite, 6,3 x 10,5 cm (mit Karton), F 8/655

Abb. 9: Gottfried Mauch (1840–1902), Fabrikbeamter, um 1885, Fotograf: Joseph Te Niersen (Bochum), Carte-de-Visite, 6,3 x 10,5 cm (mit Karton), F 8/651

Abb. 10: Anton Mauch (1860–1942), Bürodiener und Werksfotograf, um 1890, Fotograf: Joseph Te Niersen (Bochum), Carte-de-Visite, 6,3 x 10,5 cm (mit Karton), F 8/653

Abb. 11: Oskar Pinagel, Ingenieur und Prokurist, um 1885, Fotograf: A. Bischoff (Bochum), Carte-de-Visite, 6,3 x 10,5 cm (mit Karton), F 8/652

Abb. 12: Louis Baare (1821–1897), um 1865, Fotograf: Hermann Günther (Berlin), Abzug, 6,3 x 11 cm (mit Karton), F 8/375

Abb. 13: Fritz (1855–1917) und Hedwig Baare (1861–1948) als Brautpaar, 1882, Fotograf: Edmund Risse (Berlin), Carte Cabinet, 11 x 16,8 cm (mit Karton), F 8/390.1

Abb. 14: Wilhelm Baare (1857–1938), Vorstandsmitglied, um 1926, Fotograf: H. Kuhlmann (Bochum), Abzug, oval, 9,9 x 13,4 cm (19,1 x 26,8 cm mit Karton), F 8/662, Abdruck in: Hütte und Schacht, Nr. 19, Okt. 1927, S. 5

Abb. 15: Jean Marie (Johann Maria) Heimann (1822–1901), Vorsitzender des Verwaltungsrates, um 1870, Reproduktion, 6,5 x 10,7 cm, F 8/306

Abb. 16: Fritz Baare im offenen Automobil, um 1910, Reproduktion auf Glasplatte (1942), 24 x 18 cm, F 45 A 4354

Abb. 17: Fritz Baare (1855–1917) zu Pferd in der Uniform des 2. Westfälischen Husarenregiments Nr. 11 („Krefelder Husaren“), 1909, Fotograf: P. & H. Koch (Krefeld), Abzug, 10 x 14,2 cm, F 8/390.5

Abb. 18: Fritz Baare mit Tennisschläger (Ausschnitt), um 1910, Abzug, 6,4 x 6 cm, F 8/390.2

Abb. 19: Villa Fritz Baare vor dem Anbau, Alleestraße 67a, 1885, Fotograf: Anselm Schmitz (Köln), Abzug, 37,5 x 29,7 cm (39 x 31,5 cm mit Karton), F 8/2008

Abb. 20: Villa Fritz Baare, Kaminzimmer, um 1905, Abzug, 25,8 x 21,8 cm (49,8 x 39,7 mit Karton), F 8/2022

Abb. 21: Villa Fritz Baare, Arbeitszimmer, um 1905, Abzug, 30,6 x 24,6 cm (49,7 x 39,9 cm mit Karton), F 8/2026

Abb. 22: Villa Fritz Baare, Speisesaal, um 1905, Abzug, 30,5 x 24,3 cm (49,4 x 39,5 cm mit Karton), F 8/2028

Abb. 23: Trauerzug Louis Baare in der Oberen Marktstraße, Mai 1897, Fotograf: F[elix] Schaetzke (Bochum), Abzug, 17,3 x 12,3 cm (24,3 x 19,1 cm mit Karton), F 8/260

Abb. 24: Einweihung des Denkmals für Louis Baare, 30.6.1899, Fotograf: F[elix] Schaetzke (Bochum), Abzug, 17,1 x 22,6 cm (29,9 x 36 cm mit Karton), F 8/267

Abb. 25: Familie Baare (in der Mitte Louis und Helene Baare, darunter Paul, darüber Doppelbild Fernando/Erich; außen im Uhrzeigersinn von oben: Minna, Carmen, Fritz, Therese, Louis, Theo, Adolf, Willy, Hedwig, Bernhard), um 1883, 14 ovale Porträts als Abzüge auf Karton montiert, 14,9 x 22,3 cm (mit Karton), F 8/661

Abb. 26: Spritzbeton-Arbeiten, 1924, Glasplatte, 24 x 18 cm, F 45/1384

Abb. 27: Befüllen einer Torkret-Spritzbeton-Maschine, 1924, Glasplatte, 24 x 18 cm, F 45/1383

Abb. 28: Zechen-Angestellte, 1926, Glasplatte, 24 x 18 cm, F 45/2197

Abb. 29: Arbeiter der Elektrowerkstatt. Identifizierbar: Orth, Schleicher, Eidam, Hoffmann, Göring, Passenheim, Jespert, Scheibel, Bordasch, Hussmann, Möller, um 1900, Reproduktion auf Glasplatte (1941), 18 x 13 cm, F 45 E 200

Abb. 30: 50-jähriges Dienstjubiläum von Heinrich Degenhard, vom Schlosserlehrling zum Betriebsführer aufgestiegen, Abteilung Materialprüfung, 28.4.1925, Fotograf: Ernst Topp, Glasplatte, 24 x 18 cm, F 45/1649, Abdruck in: Hütte und Schacht, Nr. 9, Mai 1925, S. 7

Abb. 31: 25-jähriges Dienstjubiläum des Angestellten Josef Dittgen. Identifizierbar: Lönne, Maurer, Sieberg, Wulfert, Pfeiffer, Sommer, Eibisch, Reiser, Spörhase, Terhaar, Wissholt, Hautkappe, Diesing, 22.6.1922, Fotograf: Ernst Topp , Reproduktion auf Glasplatte (1942), 18 x 13 cm , F 45 E 273

Abb. 32: Härteprüfung von Walzen (zeitgen. Ausschnitt), 31.3.1924, Fotograf: Ernst Topp, Glasplatte, 24 x 18 cm, F 45/1159

Abb. 33: „Messstand für Lokomotiven-Radsätze“, um 1910, Glasplatte, 24 x 18 cm, F 45/200

Abb. 34: Arbeiter neben Treibradsatz, um 1900, Glasplatte, 24 x 18 cm, F 45/203

Abb. 35: Arbeiter neben Lokomotiven-Radsatz, um 1900, Glasplatte, 24 x 18 cm, F 45/204

Abb. 36: Meister neben Lokomotiven-Radsatz, um 1900, Glasplatte, 24 x 18 cm, F 45/207

Abb. 37: Meister neben Radsatz für 4-Zylinder-Lokomotiven, um 1900, Glasplatte, 24 x 18 cm, F 45/205

Abb. 38: „Zweiteiliges Kugelschiebergehäuse von 3,5 m Ø, Gewicht 20 000 kg" , 3.5.1926, Fotograf: Ernst Topp, Glasplatte, 18 x 24 cm, F 45/1991

Abb. 39: Angestellter auf einem vom Bochumer Verein hergestellten Waggon der Borkumer Kleinbahn AG, 1912, Glasplatte, 24 x 18 cm, F 45/254

Abb. 40: Grubenbahn-Schienen mit Förderwagen, Bergmann und Steiger in Berghabit, um 1910, Glasplatte, 24 x 18 cm, F 45/553

Abb. 41: „Schiffsschraube für einen Eisbrecher von 10 000 kg aus 3 % Nickelstahl" (mit Arbeiter), 25.11.1924, Fotograf: Ernst Topp, Glasplatte, 18 x 24 cm, F 45/1430, Abdruck in: Hütte und Schacht, Nr. 19, Okt. 1925, S. 6. Broschüre „Vereinigte Stahlwerke [...]", um 1935, S. 31

Abb. 42: „Schiffsschraube für einen Eisbrecher von 10 000 kg aus 3 % Nickelstahl" (ohne Arbeiter), 25.11.1924, Fotograf: Ernst Topp, Glasplatte, 18 x 24 cm, F 45/1431

Abb. 43: „9 cm Hontoria-Kanone mit Drehlaffette", um 1890, Abzug, 32,4 x 26,5 cm (55,3 x 45,6 cm mit Karton), F 8/2015

Abb. 44: Oberingenieur Georg Regener, Betriebsleiter der Kanonenwerkstatt, mit einem Schiffsgeschütz, 1882, Reproduktion, 19,5 x 13,2 cm, F 8/654

Abb. 45: Porträt eines Arbeiters (Ausschnitt), um 1900, Glasplatte, 24 x 18 cm, F 45/22

Abb. 46: Porträt eines Arbeiters (Ausschnitt), um 1900, Glasplatte, 24 x 18 cm, F 45/22

Abb. 47: Porträt eines Arbeiters (Ausschnitt), um 1900, Glasplatte, 24 x 18 cm, F 45/24a

Abb. 48: Porträt eines Arbeiters (Ausschnitt), um 1910, Glasplatte, 24 x 18 cm, F 45/276

Abb. 49: Porträt eines Küchenmädchens (Ausschnitt), 2.10.1925, Fotograf: Ernst Topp, Glasplatte, 24 x 18 cm, F 45/1807

Abb. 50: Porträt eines Arbeiters (Ausschnitt), um 1910, Glasplatte, 24 x 18 cm, F 45/470

Abb. 51: Porträt eines Arbeiters (Ausschnitt), um 1910, Glasplatte, 24 x 18 cm, F 45/494

Abb. 52: Porträt eines Arbeiters (Ausschnitt), um 1910, Glasplatte, 24 x 18 cm, F 45/432

Abb. 53: Porträt eines Arbeiters (Ausschnitt), um 1900, Glasplatte, 24 x 18 cm, F 45/24

Abb. 54: „Hochziehen eines Dachbinders von 24 Meter Spannweite", 23.2.1924, Fotograf: Ernst Topp, Glasplatte, 18 x 24 cm, F 45/1113, Abdruck in: Hütte und Schacht, Nr. 19, Okt. 1926, S. 5

Abb. 55: Arbeiter beim Bau, um 1910, Glasplatte, 24 x 18 cm, F 45/945

Abb. 56: Drei Arbeiter vor einem Fallhammer, um 1900, Glasplatte, 18 x 24 cm, F 45/22

Abb. 57: „Hammerwerk der Gesellschaft für Stahlindustrie, Bochum", 7.8.1923, Fotograf: Ernst Topp, Glasplatte, 18 x 24 cm, F 45/1067, Abdruck in: Bochumer Verein für Bergbau und Gußstahlfabrikation (Hg.): Konstruktionsstähle, Dortmund 1922, S. 16 (WA 80/4630–12)

ABBILDUNGEN AUF SEITE 89 BIS 109

Abb. 1: „Kost- und Logirhaus für 1200 Arbeiter", um 1884, Fotograf: Anselm Schmitz (Köln), Abzug, 17,4 x 11 cm (24,2 x 16,4 cm mit Karton), F 8/232, Abdruck in: Broschüre „Bochumer Verein [...]", 1896, Abb. 16

Abb. 2: „Brausebäder" im Kost- und Logierhaus, 17.3.1902, Abzug, 24,1 x 29,4 cm , F 8/239

Abb. 3: Schlafraum im Kost- und Logierhaus, 17.3.1902, Abzug, 23,8 x 29,5 cm, F 8/242

Abb. 4: „Anrichteraum" im Kost- und Logierhaus, 17.3.1902, Abzug, 29,7 x 26,6 cm, F 8/237

Abb. 5: Küche im Kost- und Logierhaus, 2.10.1925, Fotograf: Ernst Topp, Glasplatte, 24 x 18 cm, F 45/1807

Abb. 6: „Schälraum" im Kost- und Logierhaus, 17.3.1902, Abzug, 29,7 x 23,6 cm, F 8/234

Abb. 7: Russisch-Römisches Bad im Kost- und Logierhaus, 17.3.1902, Abzug, 29,7 x 23,6 cm, F 8/236

Abb. 8: Invalidenwerkstatt, „Bei der Herstellung von Eimern und Kannen", 5.10.1926, Fotograf: Ernst Topp, Glasplatte, 24 x 18 cm, F 45/2164, Abdruck in: Hütte und Schacht, Nr. 22, Nov. 1926, S. 5

Abb. 9: Festlich geschmückter Speisesaal des Kost- und Logierhauses zur 40-Jahr-Feier des Männergesangvereins „Gußstahlglocke", 9.7.1925, Fotograf: Ernst Topp, Glasplatte, 24 x 18 cm, F 45/1744

Abb. 10: „Weihnachtsvorführungen u. Bescherung im Kosthause", Dez. 1926, Glasplatte, 24 x 18 cm, F 45/2205, Abdruck in: Hütte und Schacht, Nr. 1, Jan. 1927, S. 7

Abb. 11: „Arbeiter-Colonie Stahlhausen. Bewohnt von über 2000 Seelen" (in der Achse der Mittelstraße der Kindergarten), aufgenommen vom Dach der Kanonenwerkstatt, 1884, Fotograf: Anselm Schmitz, Köln, Abzug, 37 x 29,9 cm (60 x 46,5 cm mit Karton), F 8/2+1 (Album), Abdruck in: Die Industrie, 10. Jg., Nr. 21 vom 14.10.1891, S. 331

Abb. 12: „Arbeiter-Kolonie der Kohlenzeche Ver. Maria-Anna und Steinbank" (Ausschnitt), 1884, Fotograf: Anselm Schmitz, Köln, Abzug, 37,2 x 29,8 cm (60 x 46,5 cm mit Karton), F 8/2+1 (Album)

Abb. 13: Vier-Familien-Haus mit Stallanbau in der Siedlung Stahlhausen (Ausschnitt), um 1890, Abzug, 22 x 17,1 cm (29 x 25,9 cm mit Karton), F 8/291

Abb. 14: Doppelhaus in der Siedlung Stahlhausen nach Modernisierung (Ausschnitt), um 1910, Abzug, 22 x 16,8 cm, F 8/248

Abb. 15: Unbekannte Arbeitersiedlung (Ausschnitt), um 1900, Abzug, 21,5 x 15 cm, F 8/37

Abb. 16: Siedlung „Teutoburgia", Baarestraße, [Herne-]Börnig, um 1912, Glasplatte, 24 x 18 cm, F 45/784

Abb. 17: Siedlung „Teutoburgia", Kreuzung Schreberstraße (früher Gartenstraße)/Teutoburgiastraße, [Herne-]Börnig, um 1912, Glasplatte, 24 x 18 cm, F 45/781

Abb. 18: „Siedlung Höntrop", Blick vom Wasserturm (Ausschnitt), 11.8.1924, Glasplatte, 24 x 18 cm, F 45/1314, Abdruck in: Hütte und Schacht, Nr. 1, Nov. 1924, S. 6

Abb. 19: Beamtenhäuser an der Ecke Alleestraße/Kohlenstraße, Bochum, 6.5.1926, Fotograf: Ernst Topp, Glasplatte, 24 x 18 cm, F 45/1995

Abb. 20: Gymnastik junger Mitarbeiterinnen, 1926, Glasplatte, 24 x 18 cm, F 45/2212

Abb. 21: „Neuhaus und Hofknecht (Lehrlinge des Bochumer Vereins), 1. u. 3. Sieger im nationalen Lehrlings-Sportfest in Berlin am 13. u. 14. Juni 1925 im 7-Kampf – Jugendklasse" (Ausschnitt), 11.7.1925, Fotograf: Ernst Topp, Glasplatte, 18 x 24 cm, F 45/1752, Abdruck in: Hütte und Schacht, Nr. 15, Aug. 1925, S. 8

Abb. 22: Lehrlinge beim Bau der neuen Sportanlage (Ausheben der Laufbahn, Fußballfeld bereits fertiggestellt), im Hintergrund Zeche Engelsburg, 9.8.1926, Fotograf: Ernst Topp, Glasplatte, 24 x 18 cm, F 45/2094, Abdruck in: Hütte und Schacht, Nr. 19, Okt. 1926, S. 1

Abb. 23: Verkaufsstelle der Konsumanstalt, um 1910, Glasplatte, 24 x 18 cm, F 45/1809

Abb. 24: Kindergarten, Gebäude Sedanstraße (Vaterländischer Frauenverein), um 1910, Glasplatte, 24 x 18 cm, F 45/567

Abb. 25: Liegeraum für kränkliche Kinder, Gebäude Sedanstraße (Vaterländischer Frauenverein), um 1910, Glasplatte, 24 x 18 cm, F 45/569

Abb. 26: Krankenküche, Gebäude Sedanstraße (Vaterländischer Frauenverein), um 1910, Abzug, 22,1 x 16,8 cm (30,6 x 24,2 cm mit Karton), F 8/245

ABBILDUNGEN AUF SEITE 113 BIS 119

Abb. 1: Zeche Carolinenglück, sicherer Einsatz in einem Transportwaggon für Benzol, 27.5.1926, Fotograf: Ernst Topp, Glasplatte, 18 x 24 cm, F 45/2036

Abb. 2: „Motorspritze in Tätigkeit", 12.6.1926, Fotograf: Ernst Topp, Glasplatte, 24 x 18 cm, F 45/2043, Abdruck in: Hütte und Schacht, Nr. 13, Juli 1926, S. 8

Abb. 3: Obermeister Ernst Longerich, Chef der Werksfeuerwehr, in Ausgehuniform, 12.6.1926, Fotograf: Ernst Topp, Glasplatte, 18 x 24 cm, F 45/2048, Abdruck in: Hütte und Schacht, Nr. 13, Juli 1926, S. 8

Abb. 4: Feuerwehr „altes Werk" vor dem Baare-Denkmal, 12.6.1926, Fotograf: Ernst Topp, Glasplatte, 24 x 18 cm, F 45/2046, Abdruck in: Hütte und Schacht, Nr. 13, Juli 1926, S. 7

Abb. 5: Rettungstrupp der Zeche Carolinenglück mit Inhabad-Geräten (Beatmungsapparate zur Wiederbelebung) bei der Ausfahrt, 27.5.1926, Fotograf: Ernst Topp, Glasplatte, 24 x 18 cm, F 45/2028, Abdruck in: Hütte und Schacht, Nr. 17, Sept. 1926, S. 5 [fälschlich „Engelsburg"]. 10 Jahre Steinkohlenbergbau der Vereinigte Stahlwerke AG 1926–1936, S. 158

Abb. 6: „Grubenwehr" (Zeche Carolinenglück), 27.5.1926, Fotograf: Ernst Topp, Glasplatte, 24 x 18 cm, F 45/2033

Abb. 7: „Verbr[ennungs-]Schutz (Beispiele)" durch zweckentsprechende Kleidung und Brille, 18.11.1926, Fotograf: Ernst Topp, Glasplatte, 24 x 18 cm, F 45/2187

Abb. 8: Arbeitsschutz durch verschiebbare und umlegbare Schutzbleche, Dez. 1924, Glasplatte, 24 x 18 cm, F 45/1448

Abb. 9: Waschraum, um 1910, Abzug, 22,6 x 16,4 cm, F 45/6–150

Abb. 10: „Werk Höntrop: Verbandstube", 30.5.1924, Abzug, 23,4 x 17,5 cm , F 8/30, Abdruck in: Hütte und Schacht, Nr. 18, Sept. 1926, S. 4; Soziale Arbeit, 1942, S. 46

Abb. 11: Krankenwagen vor den Stützmauern des Siemens-Martin-Stahlwerks (heute sog. Colosseum), 2.2.1925, Fotograf: Ernst Topp, Glasplatte, 24 x 18 cm, F 45/1517

ABBILDUNGEN AUF SEITE 124 BIS 143

Abb. 1: „Hohoefen in Bochum" (zwei sog. schottische Hochöfen mit Blechmantel; zwischen den Öfen ein Aufzug zur Beschickung), 1878/79, Fotograf: Edmund Risse (Bochum), Abzug, 24 x 28,5 cm (43,2 x 47 cm mit Karton), F 8/3 (Album), Abdruck in: Broschüre „Bochumer Verein […]", 1878/80, Abb. 8; Däbritz: Bochumer Verein, 1934, nach S. 172.

Abb. 2: Hochofenanlage in Bochum mit Gasreinigung, Erzanlieferung, Cowper-Winderhitzern, Schräg- und Vertikalaufzügen, um 1915, Fotograf: Anton Mauch, Abzug, 22,4 x 16,4 cm, F 45/1–172

Abb. 3: „Montage der Heißwindleitungen an den Winderhitzern", 1.10.1924, Fotograf: Ernst Topp, Glasplatte, 18 x 24 cm, F 45/1356

Abb. 4: „Blick auf einen Teil der Rohgasleitungen mit Umführungskrümmern", 18.8.1925, Fotograf: Ernst Topp, Glasplatte, 18 x 24 cm, F 45/1769

Abb. 5: „Ankunft der Seilbahnwagen [mit Koks] von der Zeche [Carolinenglück] auf der Gicht" des Hochofens, 31.8.1926, Fotograf: Ernst Topp, Glasplatte, 24 x 18 cm, F 45/2119

Abb. 6: „Füllen der Begichtungskübel unter der Bunkeranlage", 31.8.1926, Fotograf: Ernst Topp, Glasplatte, 24 x 18 cm, F 45/2123

Abb. 7: „Hochofenabstich" (Probeentnahme), vorne das Werkzeug des Hochöfners, hinten links seine Kaffeekanne, August 1926, Fotograf: Ernst Topp, Glasplatte, 24 x 18 cm, F 45/2111

Abb. 8: „Roheisenlager hinter den Gießbetten", 9.7.1925, Fotograf: Ernst Topp, Glasplatte, 24 x 18 cm, F 45/1747

Abb. 9: Bessemer-Stahlwerk (Konverter halb verdeckt in der Mitte, rechts hinter der Kette des

Krans), um 1878, Abzug, oval, 24 x 19,9 cm (38,1 x 31,6 cm mit Karton), F 8/118, Abdruck in: Broschüre „Bochumer Verein […]“, 1878/80, Abb. 10; Stahl und Eisen 55 (1935), S. 1285 [dort falsch datiert]

Abb. 10: Tiegelstahlschmelze (Arbeiter mit Zangen und Tiegeln vor den Öfen unterhalb des Bodenniveaus; im Vordergrund die Deckel der Tiegel), um 1882, Reproduktion auf Glasplatte (1939), 18 x 13 cm , F 45 E 162

Abb. 11: Beschickung eines Siemens-Martin-Ofens mit Roheisen, um 1920, Glasplatte, 24 x 18 cm, F 45/815, Abdruck in: Broschüre „Vereinigte Stahlwerke Aktiengesellschaft, Bochumer Verein, Bochum, Westphalia“, um 1935, unpag.; Kohle. Eisen. Stahl. Ein Überblick über die Vereinigte Stahlwerke Aktiengesellschaft […], Düsseldorf 1937, S. 49

Abb. 12: Bau des Siemens-Martin-Werks II mit dem heute sog. Colosseum als Stützkonstruktion, 1911, Glasplatte, 24 x 18 cm, F 45/14

Abb. 13: Dächer der Schmelzanlagen, 17.12.1924, Fotograf: Ernst Topp, Glasplatte, 24 x 18 cm, F 45/1446

Abb. 14: Stahlblöcke für Röhrenfertigung im Werk Höntrop, 1925, Glasplatte, 24 x 18 cm, F 45/1507

Abb. 15: Stahlbrammen mit Angabe von Dicke und Gewicht (zeitgen. Ausschnitt), 1924, Glasplatte, 24 x 18 cm, F 45/1342

Abb. 16: Stahlgießerei, um 1875, Abzug, oval, 24,2 x 19,8 cm (38,1 x 32,5 cm mit Karton), F 8/288

Abb. 17: „Gießhalle der Stahlgießerei“ II, 17.9.1925, Fotograf: Ernst Topp, Glasplatte, 24 x 18 cm, F 45/1789, Abdruck in: Hütte und Schacht, Nr. 19, Okt. 1925, S. 6

Abb. 18: „Blockbrecher“ im Röhrenwalzwerk Höntrop, 30.1.1925, Fotograf: Ernst Topp, Glasplatte, 24 x 18 cm, F 45/1509, Abdruck in: Das Werk 5 (1925/26), H. 1, S. 10

Abb. 19: „Großer [Dampf-]Hammer im Hammerwerke II“, um 1878, Fotograf: Edmund Risse (Bochum), Abzug, 23,8 x 28,6 cm (43,2 x 47 cm mit Karton), F 8/3 (Album), Abdruck in: Broschüre „Bochumer Verein […]“, 1878/80, Abb. 14; Stahl und Eisen 55 (1935), S. 1335 [dort falsch datiert]

Abb. 20: „Hammerwerk I“ (vorne links eine polierte Walze), um 1878, Fotograf: Edmund Risse (Bochum), Abzug, 28,8 x 23,8 cm (47 x 43,5 cm mit Karton) , F 8/3 (Album), Abdruck in: Broschüre „Bochumer Verein […]“, 1878/80, Abb. 15

Abb. 21: „4000-Tonnen-Schmiedepresse“ (rechts auf dem Wagen eine Kurbelwelle), 1892, Fotograf: Anselm Schmitz (Köln), Abzug, 41 x 30,1 cm (43,7 x 37,3 cm mit Karton), F 8/276

Abb. 22: 6-Tonnen-Dampfhammer und Messung der Temperatur des Schmiedestücks durch den Mann mit Hut (vorne) mit einem Pyrometer, 9.9.1924, Fotograf: Ernst Topp, Glasplatte, 18 x 24 cm, F 45/1331

Abb. 23: 6-Tonnen-Dampfhammer und Messung der Temperatur des Schmiedestücks mit einem Pyrometer, 9.9.1924, Fotograf: Ernst Topp, Glasplatte, 24 x 18 cm, F 45/1332

Abb. 24: Montage von Fahrzeugachsen in einer frühen Form von Fließbandarbeit, 1926, Abzug, 22,8 x 16,8 cm, F 45/6–2166

Abb. 25: „Mechanische Werkstatt mit den Kurbelzapfendrehapparaten“ (vorne rechts eine bearbeitete Kurbelwelle), 28.10.1923, Fotograf: Ernst Topp, Glasplatte, 24 x 18 cm, F 45/1092, Abdruck in: Hütte und Schacht, Nr. 23, Dez. 1925, S. 4

Abb. 26: Neubau der Mechanischen Werkstatt II, 15.3.1926, Fotograf: Ernst Topp, Abzug, 22,7 x 16,6 cm, F 45/6–1982

Abb. 27: „Drahtzieherei“ im Werk Stahlindustrie, 16.2.1925, Fotograf: Ernst Topp, Glasplatte, 24 x 18 cm, F 45/1547, Abdruck in: Hütte und Schacht, Nr. 3, Feb. 1926, S. 4

Abb. 28: Bleche für einen Siemens-Martin-Ofen des Werks Höntrop (zeitgen. Ausschnitt), 10.3.1926, Fotograf: Ernst Topp, Glasplatte, 24 x 18 cm, F 45/1924, Abdruck in: Hütte und Schacht, Nr. 20, Okt. 1926, S. 5

ABBILDUNGEN AUF SEITE 147 BIS 167

Abb. 1: 21 cm Ringkanone mit Küsten-Lafette und Vorderem Pivot, ausgestellt auf der Wiener Weltausstellung 1873, 1873, Fotograf: F. Albert Schwartz (Berlin), Abzug, 26,6 x 19,6 cm (37,2 x 30,6 cm mit Karton), F 8/215+1, Abdruck in: Broschüre „Bochumer Verein […]“, 1878/80, Abb. 2; Die Industrie, 10. Jg., Nr. 21 vom 14.10.1891, S. 330; Däbritz: Bochumer Verein, 1934, S. 134

Abb. 2: „21 cm gez. Stahlmörser mit Belagerungslaffete“, um 1875, Reproduktion: J. B. Obernetter (München), Abzug, 14,7 x 9,7 cm (27,1 x 20,6 cm mit Karton), F 8/412

Abb. 3: Bayerische Geschützkommission im Revisions-Raum für Geschütze, 1867, Abzug, 26 x 19,2 cm (34,3 x 30,7 cm mit Karton), F 8/73, Abdruck in: Broschüre „Bochumer Verein […]“, 1878/80, Abb. 23; Däbritz: Bochumer Verein, 1934, nach S. 124

Abb. 4: Kanonenwerkstatt (vorne rechts sechs Geschosse), 1889, Fotograf: Anselm Schmitz (Köln), Abzug, 37,4 x 30 cm (47,2 x 36 cm mit Karton), F 8/275, Abdruck in: Broschüre „Bochumer Verein […]“, 1896, Abb. 8

Abb. 5: Geschosswerkstatt, 31.10.1926, Fotograf: Ernst Topp, Glasplatte, 24 x 18 cm, F 45/2108

Abb. 6: „Achsendreherei“ mit mechanischer Transmission, 1884, Fotograf: Anselm Schmitz (Köln), Abzug, 37,3 x 29,9 cm (59,5 x 46,5 cm mit Karton), F 8/2+1 (Album), Abdruck in: Broschüre „Bochumer Verein […]“, 1896, Abb. 7; Die Industrie, 10. Jg., Nr. 21 vom 14.10.1891, S. 330

Abb. 7: „Schiffs-Hintersteven, geschlossener Bauart, aus Stahlguss in roh gegossenem Zustand, geglüht“, 1924, Glasplatte, 18 x 24 cm, F 45/1377

Abb. 8: Turbinenlaufrad aus Stahlguss (23.000 kg) für das Kachlet-Kraftwerk in der Donau bei Passau , 1925, Glasplatte, 18 x 24 cm, F 45/1824

Abb. 9: „Spiralgehäuse für Wasserturbinen von 12.000 kg" (zeitgen. Ausschnitt), 1925, Glasplatte, 18 x 24 cm, F 45/1897

Abb. 10: „Turbinenlaufrad von 3,5 m Ø mit 16 eingegossenen Stahlblechschaufeln von 11.000 kg", 13.4.1926, Fotograf: Ernst Topp, Glasplatte, 18 x 24 cm, F 45/1953

Abb. 11: „Treibradhälfte für Fördermaschine 7100 [mm] Ø, 42.000 kg pro ganze Scheibe", 1922, Glasplatte, 24 x 18 cm, F 45/908

Abb. 12: „Konverterring 39.500 kg", 5,2 m Ø, auf einer Spitzendrehbank, 24.2.1925, Fotograf: Ernst Topp, Glasplatte, 24 x 18 cm, F 45/1568, Abdruck in: Hütte und Schacht, Nr. 23, Dez. 1925, S. 4. Broschüre „Vereinigte Stahlwerke [...]", um 1935, S. 31

Abb. 13: „Zahnrad 4 m Ø mit gefrästen Winkelzähnen", um 1900, Glasplatte, 24 x 18 cm, F 45/57a

Abb. 14: „Schwungrad 4400 [mm] Ø 30.000 kg", um 1900, Glasplatte, 24 x 18 cm, F 45/183

Abb. 15: „Dreifache Gussstahl-Kurbelwelle" (Länge 9,6 m, Gewicht 41.000 kg), um 1880, Fotograf: Anselm Schmitz (Köln), Abzug, 20 x 14 cm (32,3 x 24,9 cm mit Karton), F 8/71+2

Abb. 16: „Schiffsruder Gew[icht] 22.000 kg in der Verpackung", um 1900, Glasplatte, 24 x 18 cm, F 45/51, Abdruck in: Broschüre „Bochumer Verein [...]" [1925], S. 37

Abb. 17: Stahlformguss-Produkte, von links: Kompressorzylinder, Zahnrad, Kurbelwelle (am Kran), Treibscheibe (liegend), Schwungrad, 15.3.1923, Fotograf: Ernst Topp, Glasplatte, 24 x 18 cm, F 45/1012

Abb. 18: Formen der Kerne für den Glockenguss, [1.5.]1924, Fotograf: [Ernst Topp], Glasplatte, 24 x 18 cm, F 45/1194

Abb. 19: „Revision und Zulegen der Glockenform" (Ausschnitt), 1.5.1924, Fotograf: Ernst Topp, Glasplatte, 24 x 18 cm, F 45/1200

Abb. 20: „Glockenmontierwerk" (vorne auch Klöppel; Krananlage der Düsseldorfer Maschinenbau-AG vorm. J. Losenhausen, 1917), 1922, Glasplatte, 24 x 18 cm, F 45/878

Abb. 21: „Tonprüfung durch Aufsetzen der Stimmgabel", 1.5.1924, Fotograf: Ernst Topp, Glasplatte, 24 x 18 cm, F 45/1213

Abb. 22: Ziselieren der Sebastianusglocke für die Abteikirche in Otterberg, 1924, Glasplatte, 18 x 24 cm, F 45/1210

Abb. 23: „Große Glocke für die Georgenkirche in Berlin" (Stahlguss, 9.505 kg), 1897, Glasplatte, 24 x 18 cm, F 45/137

Abb. 24: Geläut für die Ev. Lutherkirche in Konstanz, auf einem Waggon der Bergisch-Märkischen Eisenbahngesellschaft, 1873, Fotograf: Schuhmann & Sohn (Karlsruhe), Abzug, 14 x 9,6 cm (22,1 x 15,8 cm mit Karton), F 8/51

Abb. 25: Abtransport der Glocken für die Meinolphuskirche in Bochum, 1926, Glasplatte, 24 x 18 cm, F 45/1933

Abb. 26: Montage der Glocken mit einer Seilwinde auf der Meinolphuskirche in Bochum, 30.3.1926, Glasplatte, 18 x 24 cm, F 45/1967

ABBILDUNGEN AUF SEITE 171 BIS 187

Abb. 1: Achsen für Automobile, 18.12.1925, Fotograf: Ernst Topp, Abzug, 22,3 x 16,5 cm, F 45/6–1876

Abb. 2: Achse für einen Opel 4 PS-Wagen (mit Bremer Kennzeichen) in der Montage, 1926, Abzug, 23,1 x 16,9 cm, F 45/6–2091

Abb. 3: Erhitzen einer Vierzylinder-Kurbelwelle im Glühofen (rechts Gesenkschmiede), 1923, Glasplatte, 24 x 18 cm, F 45/1006, Abdruck in: Hütte und Schacht, Nr. 14, Juli 1925, S. 1. Broschüre „Konstruktionsstähle", 1922 , S. 99

Abb. 4: Blatt-, Spiral- und Schraubenfedern, 13.1.1925, Fotograf: Ernst Topp, Glasplatte, 24 x 18 cm, F 45/1472

Abb. 5: „Tragfeder nach Werkzeichnung 3439", 7.11.1924, Fotograf: Ernst Topp, Glasplatte, 24 x 18 cm, F 45/1401

Abb. 6: Blattfedern, vorne fertig montiert, hinten Produktionsmaschinen (Ausschnitt), 26.1.1925, Fotograf: Ernst Topp, Glasplatte, 24 x 18 cm, F 45/1503

Abb. 7: „Kesselwagen [der Zeche Carolinenglück] für 15.000 kg Ladegewicht mit Bremse", um 1913, Fotograf: Anton Mauch, Glasplatte, 24 x 18 cm, F 45/242

Abb. 8: „Eiserner Kohlentrichterwagen für 12.500 kg Ladegewicht mit Bremse", um 1898, Fotograf: Anton Mauch, Glasplatte, 24 x 18 cm, F 45/240

Abb. 9: Straßenbahn-Waggon für die Ferrocarril Urbano de Molina, vermutl. in Chile, um 1915, Glasplatte, 24 x 18 cm, F 45/280

Abb. 10: Biertransportwagen für die Schlegel-Scharpenseel-Brauerei AG (Bochum) mit Handbremse und Kunze-Knorr-Bremse; Ladegewicht 15 t, 25.6.1925, Fotograf: Ernst Topp, Glasplatte, 24 x 18 cm, F 45/1725

Abb. 11: „Feldbahnbau: Zusammenbau der Wagen", um 1925, Abzug, 22,4 x 17 cm (34,4 x 29,3 cm mit Karton), F 8/123, Abdruck in: Hütte und Schacht, Nr. 22, Nov. 1925, S. 5

Abb. 12: Spänewagen und -kasten, 1926, Glasplatte, 24 x 18 cm, F 45/1985

Abb. 13: Schienen und Weichen, um 1910, Glasplatte, 24 x 18 cm, F 45/227

Abb. 14: Schienen und Weichen, um 1910, Glasplatte, 24 x 18 cm, F 45//231

Abb. 15: Schienen und Weichen, um 1910, Glasplatte, 24 x 18 cm, F 45/230

Abb. 16: Schienen und Weichen, um 1910, Glasplatte, 24 x 18 cm, F 45/228

Abb. 17: Schienen und Weichen, um 1910, Glasplatte, 24 x 18 cm, F 45/224

Abb. 18: Schienen und Weichen, um 1910, Glasplatte, 24 x 18 cm, F 45/229

Abb. 19: Schienenwalzwerk, um 1900, Glasplatte, 24 x 18 cm, F 45/25

Abb. 20: „Lokomotiv-Radreifen auf der Centrierpresse“ (in der Mitte hinten), um 1922, Glasplatte, 24 x 18 cm, F 45/825, Abdruck in: Hütte und Schacht, Nr. 11, Juni 1925, S. 4

Abb. 21: „6 t Hornhammer N. 22 zum Rundieren von Bandagen“, 1922, Glasplatte, 24 x 18 cm, F 45/876, Abdruck in: Hütte und Schacht, Nr. 10, Mai 1925, S. 4

Abb. 22: Drehbank für Lokomotiv-Radsätze, um 1910, Glasplatte, 24 x 18 cm, F 45/72

Abb. 23: „Messstände für Lokomotiv-Radsätze“, um 1910, Glasplatte, 24 x 18 cm, F 45/68, Abdruck in: Koepper: In Schacht und Hütte, 1912, S. 320; Broschüre „Bochumer Verein […]“ [1925], S. 7

Abb. 24: „Radsatz-Verladehalle“, um 1910, Glasplatte, 24 x 18 cm, F 45/70, Abdruck in: Hütte und Schacht, Nr. 2, Jan. 1925, S. 6. Broschüre „Vereinigte Stahlwerke […]“, um 1935, S. 64

Abb. 25: „Verschiedene Zahnkranzkörper“, 22.5.1925, Fotograf: Ernst Topp, Glasplatte, 24 x 18 cm, F 45/1706

ABBILDUNGEN AUF SEITE 192 BIS 199

Abb. 1: „Zeche Maria Anna & Steinbank. Schacht I. und II.“ mit Malakow-Turm, um 1875, Fotograf: Edmund Risse (Bochum), Abzug, 28,5 x 24 cm (47 x 43,2 cm mit Karton), F 8/3 (Album), Abdruck in: Broschüre „Bochumer Verein […]“, 1878/80, Abb. 4

Abb. 2: Zeche Teutoburgia, Transportband, 23.9.1926, Fotograf: Ernst Topp, Glasplatte, 24 x 18 cm, F 45/2134

Abb. 3: Zeche Engelsburg (rechts das Ausdrücken von Koks in der Kokerei), um 1910, Abzug, 19,7 x 15 cm (26 x 19,1 cm mit Karton), F 8/157

Abb. 4: „Waggonkipper Kok[erei] C[arolinen]-gl[ück]“, 2.3.1925, Fotograf: Ernst Topp, Glasplatte, 24 x 18 cm, F 45/1579, Abdruck in: 10 Jahre Steinkohlenbergbau der Vereinigte Stahlwerke AG 1926–1936, S. 158

Abb. 5: Zeche Carolinenglück, „Kohlenmischanlage im Rohbau“, 5.6.1924, Fotograf: Ernst Topp, Glasplatte, 24 x 18 cm, F 45/1243

Abb. 6: Zeche Carolinenglück, „Kokskohlenmischanlage mit Transportbandbrücke“, 10.4.1926, Fotograf: Ernst Topp, Glasplatte, 24 x 18 cm, F 45/1978, Abdruck in: 10 Jahre Steinkohlenbergbau der Vereinigte Stahlwerke AG 1926–1936, S. 158

Abb. 7: Zeche Carolinenglück mit Benzolfabrik (links) und Seilbahn zur Gussstahlfabrik, um 1912, Glasplatte, 24 x 18 cm, F 45/169

Abb. 8: Zeche Teutoburgia, [Herne-]Börnig, um 1916, Glasplatte, 24 x 18 cm, F 45/167

Abb. 9: „Muelheimer Huette in Muelheim am Rhein“, 1872/73, Fotograf: Edmund Risse (Bochum), Abzug, 29 x 23,9 cm (47 x 43,2 cm mit Karton), F 8/3 (Album), Abdruck in: Broschüre „Bochumer Verein […]“, 1878/80, Abb. 6

Abb. 10: „Talleres de Artilleria de los Sres. Portilla White y Ca. – Sevilla. Taller de Cañones“ (Kanonenwerkstatt der Firma Portilla, White & Co. in Sevilla, Spanien), [1888], Abzug, 36,7 x 28 cm (55 x 49,9 cm mit Karton), F 8/2039

Abb. 11: Eisenerzgrube Fentsch bei Algrange/ Lothringen, 1910, Fotograf: Birckenstock, Abzug, 22,8 x 16,8 cm, F 8/564

Abb. 12: Gebäudefront der Eisen- und Stahlwerke Haslach, 19.6.1923, Fotograf: Ernst Topp, Abzug, 23,1 x 16,5 cm, F 45/56–1037

ABBILDUNGEN AUF SEITE 203 BIS 213

Abb. 1: Werkshof, 1865/70, Fotograf: Hermann Günther (Berlin), Abzug, 25,9 x 20,1 cm (36,8 x 31 cm mit Karton), F 8/154, Abdruck in: Däbritz: Bochumer Verein, 1934, S. 215

Abb. 2: Gaskraftzentrale, heute „Jahrhunderthalle“ (Blick von Süden), 24.6.1924, Glasplatte, 24 x 18 cm, F 45/1291

Abb. 3: Schalthaus im Werk Höntrop, Dez. 1924, Glasplatte, 24 x 18 cm, F 45/1455, Abdruck in: Das Werk 5 (1925/26), H. 1, S. 4

Abb. 4: Längshalle der Gaskraftzentrale, heute „Jahrhunderthalle“, 24.6.1924, Fotograf: Ernst Topp, Glasplatte, 24 x 18 cm, F 45/1289

Abb. 5: Gaskraftzentrale, heute „Jahrhunderthalle“ (mit Hinweis auf dem Schild, wonach die Halle auf das Ausstellungsgebäude von 1902 zurückgeht), 26.6.1926, Glasplatte, 24 x 18 cm, F 45/2062, Abdruck in: Hütte und Schacht, Nr. 15, Aug. 1926, S. 5

Abb. 6: Gasleitung und Fundamente der Gasometer des Werks Höntrop, 1923, Glasplatte, 24 x 18 cm, F 45/977

Abb. 7: Inneres der Fernheizzentrale, 1924, Glasplatte, 24 x 18 cm, F 45/1111

Abb. 8: Dampfturbinenzentrale mit Schalttafel (zeitgen. Ausschnitt), 26.6.1926, Glasplatte, 24 x 18 cm, F 45/2060, Abdruck in: Hütte und Schacht, Nr. 15, Aug. 1926, S. 5

Abb. 9: Dampfturbinenzentrale mit Schalttafel und zwei Beschäftigten (zeitgen. Ausschnitt), die Aufnahme entstand wenige Minuten nach der vorherigen, 26.6.1926, Glasplatte, 24 x 18 cm, F 45/2061

Abb. 10: Ringofenziegelei Thiemannshof mit den beiden Gasometern des Werks Höntrop (schräg rechts dahinter) und dem Modelllager (links), 1926, Glasplatte, 24 x 18 cm, F 45/2160

Abb. 11: Absetzwagen in der Ringofenziegelei Thiemannshof, 1926, Glasplatte, 18 x 24 cm, F 45/2159

Abb. 12: Werkslokomotive mit je einem Waggon für den Erz- und den Kokstransport vor der Hochofenanlage, 1922, Glasplatte, 24 x 18 cm, F 45/851

Abb. 13: Bau der sog. „Erzbahn“ zur Anbindung des Werkes an den Hafen Grimberg (Umladen des Schüttgutes auf Loren), 27.3.1926, Fotograf: Ernst Topp, Glasplatte, 24 x 18 cm, F 45/1949

Abb. 14: Pferdekarren als Transportmittel (rechts ein leitender Angestellter in einer Kutsche), 1926, Fotograf: Ernst Topp, Glasplatte, 24 x 18 cm, F 45/2039

ABBILDUNGEN AUF SEITE 217 BIS 227

Abb. 1: Buchbinderei, 16.4.1925, Fotograf: Ernst Topp, Glasplatte, 24 x 18 cm, F 45/1654

Abb. 2: Hauptportal des Bochumer Vereins an der Alleestraße, geschmückt mit einer Büste Kaiser Wilhelms II. und elektrischer Lichterkette, vermutl. zur 50-Jahr-Feier der Firma, [1904], Glasplatte, 24 x 18 cm, F 45/783a

Abb. 3: Alleestraße mit Hauptportal des Bochumer Vereins (hinten rechts), 1925, Glasplatte, 24 x 18 cm, F 45/1815

Abb. 4: Verwaltungsgebäude des Werks Höntrop, entworfen von Wilhelm Kreis, März 1924, Glasplatte, 24 x 18 cm, F 45/1165

Abb. 5: Ausbildungsraum für Lehrlinge, 24.6.1924, Fotograf: Ernst Topp, Glasplatte, 24 x 18 cm, F 45/1279

Abb. 6: Ausstellung von Lehrlingsarbeiten im Werk (Geschosshülsen als Tischbeine), 12.4.1926, Fotograf: Ernst Topp, Glasplatte, 24 x 18 cm, F 45/1961, Abdruck in: Hütte und Schacht, Nr. 8, April 1926, S. 1

Abb. 7: Feinmechanische Ausbildung an Schreibmaschinen, 1926, Glasplatte, 24 x 18 cm, F 45/2107

Abb. 8: Ausbildung an Drehbänken, 1926, Glasplatte, 24 x 18 cm, F 45/2055

Abb. 9: Schnitt durch einen gegossenen Stahlblock von 490 kg zur Herstellung eines Radreifens (davon 175 kg als Lunker nicht verwendbar). Das Foto wurde wohl für den englischsprachigen Markt aufgenommen, 1922, Glasplatte, 18 x 24 cm, F 45/873a

Abb. 10: Bruchproben von Stahlblöcken, Juni 1925, Glasplatte, 24 x 18 cm, F 45/1718

Abb. 11: Patentanmeldung zu einer Schienenbefestigung, 4.8.1926, Fotograf: Ernst Topp, Glasplatte, 24 x 18 cm, F 45/2088

Abb. 12: Schlagprobe an Eisenbahnrad (Ausschnitt), um 1910, Glasplatte, 24 x 18 cm, F 45/87

Abb. 13: Schlagprobe an Eisenbahnrad (Ausschnitt), um 1910, Glasplatte, 24 x 18 cm, F 45/90

Abb. 14: Schlagprobe an Eisenbahnrad (Ausschnitt), um 1910, Glasplatte, 24 x 18 cm, F 45/98

Abb. 15: Schlagprobe an Eisenbahnrad (Ausschnitt), um 1910, Glasplatte, 24 x 18 cm, F 45/95

Abb. 16: Schlagprobe an Eisenbahnrad (Ausschnitt), um 1910, Glasplatte, 24 x 18 cm, F 45/96

Abb. 17: Schlagprobe an Eisenbahnrad (Ausschnitt), um 1910, Glasplatte, 24 x 18 cm, F 45/97

Abb. 18: „Festigkeitsraum“ zur Prüfung der Festigkeit von Stählen durch Zerreiß- und Schlagproben, in der Versuchsanstalt der Abteilung Stahlindustrie, 18.12.1925, Glasplatte, 24 x 18 cm, F 45/1877, Abdruck in: Hütte und Schacht, Nr. 6, März 1926, S. 4

Abb. 19: „Apparat für Mikrophotographie“, vermutl. in der Versuchsanstalt der Abteilung Stahlindustrie (an der Wand Fotografien von Stahlschliffen), 18.12.1925, Glasplatte, 24 x 18 cm, F 45/1878, Abdruck in: Hütte und Schacht, Nr. 6, März 1926, S. 5

ABBILDUNGEN AUF SEITE 230 BIS 235

Abb. 1: Ausstellungsgebäude des Bochumer Vereins (spätere „Jahrhunderthalle“) auf der Düsseldorfer Industrie- und Gewerbeausstellung, 1902, Druck, 10,5 x 17,4 cm, S 2: BV 12/2, Abdruck in: Broschüre „Bochumer Verein. Ausstellung Düsseldorf 1902“, unpag.

Abb. 2: Stand des Bochumer Vereins auf der Weltausstellung in Wien, 1873, Reproduktion: J. B. Obernetter (München), Druck, 14,7 x 11,6 cm, S 2: BV 1/11, Abdruck in: Broschüre „Bochumer Verein [...]“, 1878/80, Abb. 2

Abb. 3: Präsentation des Bochumer Vereins auf der Düsseldorfer Industrie- und Gewerbeausstellung, 1902, Fotograf: Kudka, Abzug, 20,9 x 16 cm (31,5 x 26,6 cm mit Karton), F 8/230

Abb. 4: Ev. Lutherkirche an der Cäcilienstraße in Bochum, ausgestattet mit Glocken des Bochumer Vereins, Dez. 1925, Glasplatte, 24 x 18 cm, F 45/1879a

Abb. 5: Graf-Engelbert-Brunnen in Bochum (Graf Engelbert III. von der Mark stiftete im Jahr 1388 das Maiabendfest), 30.4.1926, Glasplatte, 18 x 24 cm, F 45/2003, Abdruck in: Hütte und Schacht, Nr. 10, Mai 1926, S. 7

Abb. 6: Maiabendfest, Umzug an der Castroper Straße (im Hintergrund die Zeche Constantin), 30.4.1926, Glasplatte, 24 x 18 cm, F 45/1998, Abdruck in: Hütte und Schacht, Nr. 10, Mai 1926, S. 7